# 骆驼乳

# 营养特性知多少？

**LUOTUORU**

郑楠研究员工作室　编

中国农业科学技术出版社

**图书在版编目（CIP）数据**

骆驼乳营养特性知多少 / 郑楠研究员工作室编.
北京：中国农业科学技术出版社，2024.9. -- ISBN
978-7-5116-6975-9

Ⅰ. TS252.2

中国国家版本馆CIP数据核字第2024R73A62号

| | |
|---|---|
| **责任编辑** | 金　迪 |
| **责任校对** | 李向荣 |
| **责任印制** | 姜义伟　王思文 |

| | |
|---|---|
| **出　版　者** | 中国农业科学技术出版社 |
| | 北京市中关村南大街 12 号　　邮编：100081 |
| **电　　　话** | （010）82106625（编辑室）　（010）82106624（发行部） |
| | （010）82109709（读者服务部） |
| **网　　　址** | https://castp.caas.cn |
| **经　销　者** | 各地新华书店 |
| **印　刷　者** | 北京建宏印刷有限公司 |
| **开　　　本** | 175 mm×225 mm　1/16 |
| **印　　　张** | 6.5 |
| **字　　　数** | 80 千字 |
| **版　　　次** | 2024 年 9 月第 1 版　2024 年 9 月第 1 次印刷 |
| **定　　　价** | 48.00 元 |

# 《骆驼乳营养特性知多少》

## 编写人员

**编写机构** 郑楠研究员工作室

**顾　　问** 王加启　张军民

**主　　编** 郑　楠　孟　璐

**副主编** 赵艳坤　臧长江　汲中元　赵　林

**编写人员**（按照姓氏笔画排序）

刘慧敏　汲中元　苏莹莹　杨亚新

吴　林　何若萱　张养东　郑　楠

屈雪寅　孟　璐　赵　林　赵圣国

赵艳坤　郭同军　黄新新　蒙小刚

臧长江

前言

　　骆驼有着"沙漠之舟"的美誉，而骆驼乳产业作为西北边疆少数民族地区的特色产业，对区域经济和社会稳定具有重要意义。在中东、北非及部分亚洲国家，骆驼乳产业已经逐步实现了规模化和现代化生产，这不仅促进了当地牧民收入的增加，更推动了区域经济的可持续发展。

　　近年来，随着科学研究的深入，骆驼乳因其独特的营养成分和多样的健康益处，逐渐成为研究和关注的焦点。不同于牛乳，骆驼乳中的酪蛋白和乳清蛋白比例更接近人乳，其中的一些高丰度蛋白质，例如乳铁蛋白、免疫球蛋白等，不仅有助于促进营养物质的吸收和利用，还能增强人体免疫力。在脂肪组成方面，骆驼乳中的不饱和脂肪酸比例较高，如亚油酸和 α－亚麻酸，这些脂肪酸对心血管健康有积极影响，能够降低胆固醇水平，预防心脏病。骆驼乳的脂肪球粒径较小、有助于脂肪的高效吸收和代谢。此外，骆驼乳中含有大量维生素 C，是牛乳的 3 倍以上，有助于提高免疫力，预防缺铁性贫血。骆驼乳中丰富的钙和维生素 D 对骨骼健康也有重要作用，因此特别适合生长发育期的儿童和中老年人。骆驼乳还具有多种潜在的健康益处，其中的生物活性成分可以调节血糖水平，对糖尿病有预防和辅助治疗作用；相比于牛乳，骆驼乳还显示出抗过敏和抗癌等多种保健功能，这些生物功能进一步凸显了骆驼乳作为功能性食品的巨大潜力。

　　本书从生产特征、理化特性、营养成分及其重要生物学功能等方面介绍了骆驼乳，旨在系统地呈现骆驼乳的特性。我们希望为骆驼乳的开发利用提供科学依据，力求全面而深入地解析骆驼乳的多重价值，从而为特色乳品行业的创新发展提供新思路。此外，通过科学的数据和翔实的解释，我们期望这本书能够成为联接科研与公众的桥梁，增进人们对骆驼乳的了解。

　　由于作者水平有限，书中疏漏之处在所难免，敬请读者批评指正。

编著者

2024 年 7 月

# 目　录

# 1

# 概 述

骆驼科动物最初起源于数百万年前的北美，并于 4 000 ～ 5 000 年前在中亚和阿拉伯半岛被驯化，因其在沙漠环境中的独特适应性而被誉为"沙漠之舟"。骆驼的分类通常基于其家族名称和饲养的地理区域。骆驼属（Camelus）主要包括双峰驼（Camelus bactrianus ferus）和单峰驼（Camelus dromedarius），以及南美洲的美洲驼（Lama glama）、原驼（Lama guanicoe）、羊驼（Vicugna pacos）和骆马（Vicugna vicugna）。在这些种类中，双峰骆驼和单峰骆驼是目前全球骆驼乳的主要生产者。

世界上 90% 以上的骆驼分布在非洲北部和东北部等干旱地区，共计约 3 500 万头，主要位于索马里、苏丹、乍得和肯尼亚等地，以单峰骆驼为主。此外，约 300 万头双峰骆驼分布在亚洲中部和中东等草原和戈壁地区，主要位于中国、蒙古国、也门和阿尔及利亚等地。值得注意的是，野生双峰骆驼的数量处于极度濒危状态，据估计只有 900 ～ 1 600 头。总体而言，过去十年间，全球骆驼市场需求增长，骆驼数量表现出逐年增加的趋势。事实上，单峰骆驼和双峰骆驼都属于单峰骆驼属。"单峰骆驼"这个名称源自希腊语"dromedary"，其含义为"赛跑者"，单峰骆驼体型较大，驼毛较短，可以在温暖、干旱或半干旱的沙漠地区生存，目前广泛分布于非洲、中东和西亚地区；双峰骆驼的名称指的是其起源地位于阿富汗北部的"巴克特里亚"地区，双峰骆驼体型较小，驼毛较厚，有两个独特的驼峰，更适合栖息于寒冷或昼夜温差较大的山区或戈壁，广泛分布于中国西北地区、蒙古国和哈萨克斯坦等中亚地区。有趣的是，雌性单峰骆驼与雄性双峰骆驼杂交会产生单峰杂交品种，这种杂交种比亲本更强壮，十分适合用作驮畜，而雌性双峰骆驼与雄性单峰骆驼杂交则会产生外观不吸引人且不太健壮的杂交品种（Gray，1972）。

骆驼支撑着世界干旱和半干旱地区数百万人的生存，它们有着可以在水资源匮乏或气候炎热的恶劣条件下生活的能力，是游牧民族的重要生产工具，无疑也是一种重要的营养来源。作为一种家畜，骆驼适应干旱条件的能力在大型食草动物中是独一无二的，这是骆驼高度耐脱水能力的一种体现，这种能力最显著的特征是其新陈代谢中水资源的高效利用。对于绝大部分陆上哺乳动物而言，随着气温的升高或降低而为了保持稳定的体温，这些牲畜通常会消耗能量并随之失去大量体液。骆驼从清晨到傍晚的体温波动仅6℃左右，这对维持骆驼体内独特的水平衡具有重要意义（Schmidt-Nielsen，1965）。特别是在炎热的天气里，随着体温升高，原本用于机体降温的水未被消耗而用于其他生理过程，例如乳腺中乳液的分泌和合成。骆驼长而蓬松的驼毛，在其体表形成了一个有效的隔热屏障，驼毛间不流动的空气层隔绝了骆驼机体和体外环境的热交换，降低了低温条件下体热的散失和高温条件下外热的流入，从而维持了机体温度的恒定。骆驼的水周转率也是所有家畜中最低的。有报告称，骆驼可以长达54天不单独摄入水而正常生存，这保证了它们的生理功能不会受到炎热天气和缺乏饮用水的影响，包括泌乳在内（Park等，2006）。在缺水时期，骆驼体内的尿素和水会从肾脏重新吸收，而盐则以高度浓缩的尿液排出体外从而维持新陈代谢中正常的渗透压，其中，尿素可以被重新利用并为蛋白质的合成提供原料，水和氮的循环利用使骆驼在缺水的条件下能够正常生存 2 个月左右（Yagil 和 Berlyne，1978）。驼峰是另一个显著区别于其他家畜的标志。驼峰主要由胶质沉积脂肪组成，可以储存多达 36 kg 的脂肪。当缺乏营养时，这些脂肪可以作为水和能量的备用来源，驼峰使骆驼能够在不喝水的情况下连续行进 160 km。在农业生产方面，骆驼可被用于骑乘和役畜，背负重量可达 600 kg，此外，它还可以提供肉、兽毛和兽皮。特别需要注意的是，雌驼几乎全年都能提供乳汁，并且其产量比生活在相同条件下的其他奶畜多得多（Park 等，2006）。尽管骆驼具有这些经济和生态优势，却很少引起人们的关注，这主要是由于技术的限制，导致骆驼畜产品的生产成本远高于其他家畜产品。

2006 年，联合国粮食及农业组织（FAO）正式向全世界推广骆驼乳，将其誉为最接近人乳的稀有乳品。近年来，为了加快实现培育中国地方特色产业和增加农牧民群众收入的总体部署，乡村特色养殖产业体系逐渐健全，推动骆驼养殖向科学化、规模化方向发展。有报告统计，自 2011 年以来，中国骆驼数量呈不断增长态势，2012 年中国骆驼存栏量约为 25 万头，而 2022 年达到了 50 万头（《2022 年中国农业统计年鉴》，2023）。由于中国的牧区多丘陵，并以温带地区为主，这种地形和气候条件更适合双峰骆驼的生存和繁殖。因此，中国的骆驼品种主要以双峰骆驼为主（图 1-1），而单峰骆驼饲养量较低。中国的双峰骆驼主要驯养于中国西北荒漠或戈壁地区，包括新疆、内蒙古、甘肃、青海等省（区）（图 1-2），其中，新疆双峰驼、阿拉善双峰驼和苏尼特双峰驼被称为中国三大精品双峰骆驼，主要用于畜、肉产品加工和驼毛生产。特别是，近年来随着中国居民生活水平和保健意识的提高，追求更健康营养的功能性食品成为一种消费趋势，而骆驼乳因其独特的营养价值和功能特性刚好满足了消费者的需求。因此，骆驼乳产业发展迅速。如图 1-3 所示，2011—2022 年，骆驼乳产量从 1.35 万吨增长至 1.88 万吨，总体呈现出增长态势。由此可见，骆驼乳有着巨大的生产前景。本书深入探讨了骆驼乳的生产、感官、理化和营养特性，以期为骆驼乳这种具有特色的畜产品的开发提供有益指导。

图 1-1　塔里木双峰驼

（图片来源：中国农业科学院北京畜牧兽医
研究所奶业创新团队拍摄）

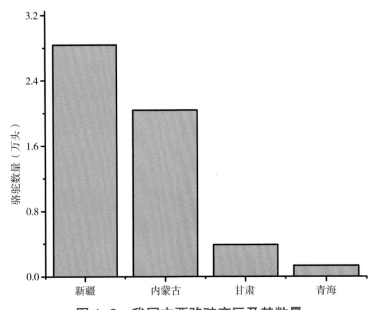

**图 1-2　我国主要骆驼产区及其数量**

（资料来源:《2023 年中国农村统计年鉴》，国家统计局）

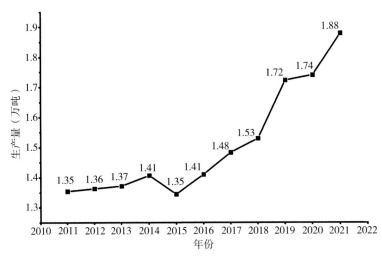

**图 1-3　中国骆驼乳年产量变化趋势**

（资料来源:《2023 年中国农村统计年鉴》，国家统计局）

# ❷
# 骆驼乳的
# 生产和利用特征

# 2.1

# 骆驼乳的生产特征

　　骆驼的乳房分为前区和后区，每一区都有两个乳腺，共有 4 个乳头，与奶牛类似，但通常更短而薄。此外，骆驼排乳特征为细流型，即骆驼乳不是一次性完全排出，而是通常分为 2 次或 3 次，每个乳头分泌 2 股或 3 股奶（Yagil，1985）。骆驼的另一个特点是其乳房没有连续泌乳结构，而是反射性地分泌，骆驼必须嗅到幼驼气味才会分泌乳汁，因而排乳量的潜伏期短，平均仅持续 50 s 左右。奶畜的乳房大小和形状在一定程度上能反映其产乳能力。相比于其他奶畜，骆驼乳房中的静脉系统更加发达，这保证了骆驼在泌乳时对乳腺水分的供给。此外，对于骆驼而言，只要从消化道获得足够的液体它就能泌乳。即便在连续 4 ～ 5 天不饮水的情况下，骆驼会选择性地摄入含有相对高水分含量的饲料以补充水分，因此仍然不会影响其产奶量和乳汁的营养水平，并可持续泌乳 10 天左右（Knoess，1986）。相较之下，牛在一段时间的禁水后泌乳将会停止。

　　奶畜的产奶量受多种因素影响，如饲料的数量和质量、饮水频次、气候、饲养日龄、胎次、幼犊状态、挤奶频率、挤奶方法（手工挤奶或机器挤奶）、健康和生殖状况等（任志斌等，2013；姚怀兵等，2023）。

事实上，骆驼的产奶量在不同的记载中差异很大，这主要是由于上述一些因素中的一种或多种的影响。此外，骆驼在非舍饲条件下通常没有一致的挤奶频率，并且幼驼在整个哺乳期仍在进食，这使得骆驼乳产量十分不稳定。

和其他反刍类奶畜类似，在自然情况下，骆驼泌乳期为 16 ～ 18 个月，泌乳高峰期为开始泌乳的第 2 ～ 4 个月，并且相比于成熟乳，初乳和末乳的产量更低。骆驼的每日产奶量可能在 8 ～ 20 L 变化，但在良好的饲养管理系统中，产奶量可能会增加至 15 ～ 40 L，泌乳期也会有所延长。此外，相对于其他奶畜而言，骆驼体内拥有独特的水平衡体系，骆驼乳腺还可以主动吸收微量水分，这在夏季或冬季的一些极端气温条件下，给骆驼的产奶量带来了明显的优势。在干旱地区的恶劣条件下，奶牛和水牛的日产奶量分别为 4 kg 和 5 kg，而骆驼为 19 kg（Knoess，1986）。然而，不同地区或者季节的骆驼产奶量仍然存在明显差异，尽管这种差异可能并不仅由地区和季节的差异导致。相比于良好的生产环境，在一些极端气温条件下或干燥的生产环境中骆驼产奶量可减少 50% 以上（Park 等，2006）。

与其他反刍动物不同，在骆驼挤奶之前，牧民总是使幼驼在场，以刺激骆驼，提高骆驼的产奶效率。事实上，所产幼驼存活的骆驼平均泌乳产出率比幼驼死亡的骆驼高出 2.9 倍。尽管这种操作在提高骆驼产奶效率上具有显著效果，然而，工厂化挤奶过程中这种操作会受到限制，这也给骆驼乳的规模化生产带来了一定的困难。因此，中国新疆地区的一些骆驼乳制品生产厂家的生鲜乳收集仍以牧区散户为主。对于骆驼乳的采集，散户大多采用机器辅助手工挤奶（图 2-1），然而，一些骆驼乳生产厂家也开始小规模地使用机器挤奶。值得注意的是,挤奶频率对骆驼产奶量有着相当大的影响,有研究发现,当挤奶次数从每天2次增加到3～4次时,骆驼的产奶量可增加约10%(Shalash, 1984)。

图2-1 机器辅助手工的骆驼乳采集

(图片来源:中国农业科学院北京畜牧兽医研究所奶业创新团队拍摄)

# 2.2

# 骆驼乳的产品特征

　　作为基本食品或食品原料，畜乳富含了人类所需要的主要营养素，包括水、蛋白质、碳水化合物、脂质、维生素和矿物质。从1905—2023年发表的121篇参考文献中收集的报告数据显示，骆驼乳中各个成分含量的平均值为总固体13.6％、蛋白质3.4％、乳糖5.8％、灰分0.8％和脂肪3.8％（图2-2）。事实上，骆驼的乳成分组成并不是一成不变的，而是受多种因素影响，例如分析方法、地理区域、营养条件、品种、泌乳阶段、年龄、胎次以及个体差异等。

　　地理区域和季节变化可能是影响骆驼乳成分变化的最大客观因素。相比于其他奶畜，由于骆驼独特的水平衡机制，不同环境下对水的获取成为影响骆驼乳成分组成的重要因素。为了适应复杂多变的生活环境，骆驼乳的乳成分通常变化很大，骆驼乳中水分含量的变化也会对乳中的其他成分产生明显影响。当饮水自由时，骆驼乳的含水量为86%，而当骆驼的饮水受到限制时，骆驼乳的含水量则会增加到91%（Park 等，2006）。

　　此外，泌乳阶段也是影响骆驼乳成分的主要影响因素。作为一种哺乳动物分娩后乳腺的生理行为，泌乳机制十分复杂，受多种激素水平的

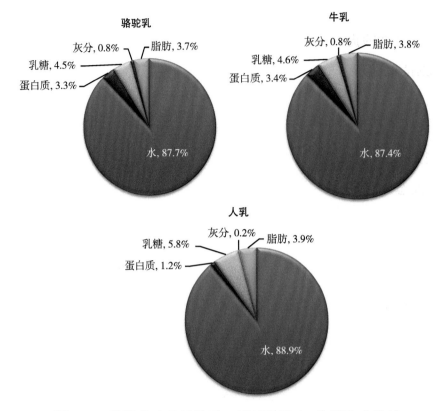

图 2-2　骆驼乳（单峰骆驼、双峰骆驼）、牛乳和人乳的
基本化学成分组成（成熟乳）

影响。哺乳动物分娩后，由于机体生理状态的改变，激素水平通常会发生明显的变化，从而调节泌乳行为，对乳成分的组成产生较大的影响。而经过一段时间的泌乳后，体内的激素水平变化较小，乳成分的组成也趋于稳定。初乳一般是指奶畜产犊后 3～10 天或前 7 天分泌的乳汁，这些乳汁为幼犊提供了最初的保护。经证实，骆驼初乳的天然抗体极为丰富，相比于常乳，初乳富含免疫球蛋白、乳铁传递蛋白和溶菌酶等活性成分（Polidori 等，2022）。此外，初乳独特的营养物质组成与幼犊的消

化吸收和生理需求更为符合。值得一提的是，随着消费者对初乳特殊营养功能认可度的提升，以骆驼初乳乳粉为代表的骆驼初乳产品逐渐成为骆驼乳制品的新宠。

目前，骆驼乳是世界干旱和半干旱地区牧民的重要营养和经济来源，这些地区主要以发展中国家为主，如果管理和利用得当，骆驼可以为当地的粮食和营养安全、国民经济增长和减贫做出重大贡献。在中国，液态骆驼乳制品、发酵骆驼乳和骆驼乳粉是最常见的三种骆驼乳产品。

热加工乳制品是目前最常见的液态骆驼乳制品。目前，中东和北非地区已经有几所大型的骆驼乳生产厂家并投入使用，以销售单峰骆驼巴氏杀菌乳产品为主。然而，不同国家和地区的畜乳巴氏杀菌条件（即使用的温度—时间组合）差异很大，主要包括 63℃，30 min；72℃，15 s；80℃，20 s（Konuspayeva 和 Faye，2021；Mohamed 等，2022）。由于缺乏专门为骆驼乳设计的杀菌标准，因此目前用于牛乳巴氏杀菌的标准也适用于骆驼乳。有报告称，骆驼乳在 80℃下巴氏杀菌 20 s 是可以增强骆驼乳稳定性的最合适温度，而温度高于 80℃则会导致骆驼乳出现分层等质量问题（Muthukumaran 等，2023）。值得注意的是，骆驼乳在高温下的热稳定性非常差，并且由于变性和蛋白质沉淀而无法在自然 pH 值下灭菌，因此，生产超高温灭菌骆驼乳非常困难。κ-酪蛋白和 β-乳球蛋白的缺乏是骆驼乳在高温处理下稳定性较低的主要原因，因此添加磷酸盐类添加剂是提高骆驼乳热稳定性的有效途径（Ho 等，2022）。此外，有报告称，当将骆驼乳在 121℃条件下加热 15 min 时，将 pH 值提高到 7.0～7.2 也可以有效地防止或减少乳液中沉淀的产生（Alhaj 等，

2011）。目前，骆驼乳应用最普遍的热加工方式仍是使用与牛乳相同的技术进行巴氏杀菌（72℃，15 s/63℃，30 min），然而，用于测定牛乳巴氏杀菌效率的方法并不适合骆驼乳。用于指示牛乳的巴氏杀菌效率的指标为碱性磷酸酶（ALP），在牛乳巴氏杀菌过程中使用的温度时间组合下，ALP会完全失活。然而，ALP并不适合作为骆驼乳有效巴氏杀菌的标记，这是因为在72℃加热骆驼乳5 min后仍可检测到ALP的残留活性。据报道，骆驼乳中的 γ-谷氨酰转移酶在72℃热加工10～20 min时会被完全破坏，因此被建议作为评估骆驼乳巴氏杀菌是否完成的潜在指示酶（Seifu，2023）。此外，与牛乳中的乳过氧化物酶相比，骆驼乳中的乳过氧化酶对热变性更敏感且耐热性较差，并且经过巴氏杀菌后，发现骆驼乳中乳过氧化酶活性低于检测限。因此也被建议作为一个合适的温度指标来验证骆驼乳巴氏杀菌的有效性（Lorenzen 等，2011）。

除了液态骆驼乳制品，另一种则是骆驼发酵乳。相比于热加工骆驼乳，骆驼发酵乳通常可以有效地延长保质期，提高骆驼乳的感官质量与口感，并更有利于运输，减少生产过剩造成的浪费。值得一提的是，已有研究表明，发酵后的骆驼乳具有特殊的保健作用，例如提高抗氧化和抗炎特性（Lorenzen 等，2011）。生活在牧区的牧民制作骆驼发酵乳的方法一般采用传统发酵法（自然发酵），其制作方法一般是将经过加热或未加热的骆驼乳置于容器中，随后在室温下自然发酵，发酵时间在3～18 h不等。相比于发酵牛乳，大多数传统骆驼发酵乳产品的稠度较稀，而发酵牛乳的商业产品通常呈浓稠状。骆驼发酵乳较弱的凝胶结构主要归因于骆驼乳中缺乏 β-乳球蛋白，而 β-乳球蛋白是影响发酵产品黏稠度的主要因素（Ipsen，2017）。此外，适用于普通牛乳发酵的发酵剂均可有效酸化骆驼乳，但骆驼乳酸化的速度比牛乳慢很多。尽管如此，发酵骆驼乳的微生物和理化特性与普通发酵牛乳相似。事实上，骆驼乳和牛乳的酸化率差异归因于骆驼乳和牛乳之间的蛋白质水解差异（Seifu，2023）。由于使用为牛乳开发的发酵剂在骆驼乳中的酸化效果常常不如人意，因此为了确保生产高品质的骆驼发酵乳制品，针对骆驼乳的特性研制发酵剂成为一个研究重点。此外，骆驼发酵乳的制作方案在国内也尚未完善和统一，需要进行详细的研究以优化操作参数以及标准化生产程序，从而提高骆驼发酵乳的可接受性。

相比于其他乳制品，由于乳粉的储存期更长，在生产和运输的过程中更加方便和灵活，因此在乳品加工领域通常有着更广泛的应用。喷雾干燥和冷冻干燥是目前应用于乳粉加工的主要系统化技术，喷雾干燥的原理是将液态乳于干燥室中雾化后，与热空气接触从而使水分迅速汽化，即得到干燥产品。该法能直接使溶液、乳浊液干燥成粉状或颗粒状制品，可省去蒸发、粉碎等工序。冷冻干燥又称升华干燥，其原理是将液态乳冷冻到冰点以下从而使水转变为冰，然后在较高真空环境下将冰转变为蒸气而除去的干燥方法。乳粉的喷雾干燥工艺技术生产效率高，生产出来的乳粉产品颗粒均匀，然而这种技术不可避免地导致了骆驼乳粉中一些热敏活性成分和营养物质失活或者变性。冷冻干燥工艺技术是近年来逐渐兴起的一种新型乳粉加工技术，冷冻干燥过程中不需要高温加热，因此可以有效保留骆驼乳中的营养成分和风味，然而其生产成本较高。有研究评估了喷雾干燥操作参数对骆驼乳粉生产加工的影响，结果发现骆驼乳粉中维生素 C 和脂肪酸（FAs）的回收率受到雾化压力、入口温度和进料流量的影响（Seifu，

2023）。由于雾化压力较高，不饱和脂肪酸（UFAs）比饱和脂肪酸（SFAs）更容易氧化。此外，高温处理也会导致骆驼乳粉中蛋白的变性增加。因此，尽管较高的入料口温度（160℃）可有效提高骆驼乳粉中的水分去除率并提高粉末产量（Habtegebriel 等，2018），但在较低的喷雾干燥温度（140℃）范围下操作，可以最大限度地保持骆驼乳粉蛋白质的溶解度。与喷雾干燥骆驼乳粉相比，冻干骆驼乳粉具有更高的钙和铁保留率，还具有较高的分散性和溶解度（Deshwal 等，2020）。相比于喷雾干燥，冷冻干燥骆驼乳粉可以更好地保留维生素和矿物质，并且具有更好的储存性，从而有利于骆驼乳粉的远距离运输（Seifu，2023）。与牛乳粉相比，骆驼乳粉的特征在于其更高的堆积密度，并且乳清蛋白和灰分含量更高（Zouari 等，2021）。此外，骆驼乳粉的溶解度高于牛乳粉，并且研究观察到喷雾干燥对牛乳的部分蛋白质造成损害，而在对骆驼乳进行喷雾干燥时却未观察到对这部分蛋白质的明显影响（Smits 等，2011）。

# 3

# 骆驼乳的感官
# 及理化特性

# 3.1

# 骆驼乳的感官特性

经观察，与人和其他奶畜的初乳颜色略有不同（黄色或红色），骆驼初乳的颜色通常为黄白色或深黄色，其黏度也低于牛初乳。而骆驼成熟乳的颜色非常白，有时呈泡沫状。骆驼乳的风味主要与骆驼采食的饲草和饮水有关，并受多种因素影响（Park 等，2006）。相比于牛乳和山羊乳，骆驼乳的口感更浓郁，口感偏咸（El Agamy，1994）。这主要是由于与其他反刍动物相比，骆驼会摄入更多的盐碱性植物，这可能导致了骆驼乳中具有更高含量的矿物盐类物质，例如铁（Fe）、铜（Cu）和磷（P）。

# 3.2

# 骆驼乳的理化特性

乳酸度指标与乳的质量密切相关，通常反映了乳液的新鲜程度与货架期。总体而言，骆驼乳的可滴定酸度略高于人乳和牛乳，pH 值略低于人乳和牛乳（表 3–1）。据报道，双峰骆驼初乳的可滴定酸度和 pH 值范围分别为 0.18% ～ 0.24% 和 6.31 ～ 6.53（Bai 等，2009），这与国外单峰骆驼初乳理化特性相关研究的结论高度相似（Agamy，1994；Gorban 和 Izzeldin，2001）。双峰骆驼成熟乳的 pH 值为 6.30 ～ 6.57，略低于单峰骆驼乳的 pH 值（6.49 ～ 6.71）。双峰骆驼成熟乳的可滴定酸度范围为 0.17% ～ 0.20%，略高于单峰骆驼乳（0.14% ～ 0.16%）（Zhao 等，2015）。

表 3–1　骆驼乳（单峰骆驼、双峰骆驼）、人乳与牛乳的
可滴定酸度和 pH 值的参考范围

| 乳液类型 | 可滴定酸度（%） | pH 值 |
|---|---|---|
| 双峰骆驼乳 | 0.17 ～ 0.20 | 6.3 ～ 6.6 |
| 单峰骆驼乳 | 0.14 ～ 0.16 | 6.5 ～ 6.7 |
| 人乳 | 0.17 ～ 0.24 | 7.0 ～ 7.5 |
| 牛乳 | 0.14 ～ 0.20 | 6.4 ～ 6.8 |

资料来源：Bai 等，2009；Zhao 等，2015；Meng 等，2021。

即使是在整个哺乳期饮食保持不变的情况下，影响骆驼乳整体组

成的最重要因素都是其水分含量（Haddadin 等，2008）。表 3-2 总结了
双峰骆驼乳与牛乳的含水量、干物质、能量、浓稠度、密度、缓冲指
数、冰点和酒精稳定性的参考范围。当允许骆驼自由饮水时，骆驼乳的
含水量为 86%，而限制饮水后，骆驼乳的含水量增加到 91%（Park 等，
2006）。乳中的水分流失与骆驼乳抗利尿激素特殊的分泌和调节机制密切
相关（Roginski 等，2003），这也成为骆驼相比于其他奶畜在泌乳方面的
独特优势，尤其是在干旱条件下。乳中的含水量通常使用干物质含量表
示。从营养学的角度看，干物质含量是指液态乳在 60 ～ 90℃的恒温下，
充分干燥后剩余下的物质，其质量是衡量有机物积累、营养成分多寡的
一个重要指标。由于不同泌乳阶段的奶畜受激素调节的水平不同，初乳
和成熟乳中的干物质含量差异明显。研究表明，双峰骆驼初乳的干物质
含量为 14.23% ～ 18.93%，而双峰骆驼成熟乳为 14.17% ～ 15.4%。此
外，双峰骆驼初乳的干物质含量为 13.07% ～ 15.54%，而单峰骆驼乳为
9.41% ～ 14.40%（Roginski 等，2003）。因此，双峰骆驼乳被认为比单峰
骆驼乳具有更高的干物质含量，但也可能受地域和饮食因素影响。

表 3-2　骆驼乳（单峰骆驼、双峰骆驼）与牛乳的含水量、干物质、能量、
浓稠度、密度、缓冲指数、冰点和酒精稳定性的参考范围（成熟乳）

| 指标 | 骆驼乳 | 牛乳 |
|---|---|---|
| 含水量（%） | 86 ～ 91 | 87 ～ 88 |
| 干物质（%） | 14.2 ～ 15.4 | 12 ～ 13 |
| 非脂乳固体（%） | 9.16 | 8.65 |
| 能量（kcal/100 mL） | 55 ～ 70 | 61 ～ 68 |
| 浓稠度（cP） | 6.8 ～ 6.9 | 1.5 ～ 2.0 |
| 相对密度 | 1.027 ～ 1.029 | 1.028 ～ 1.033 |

| 指标 | 骆驼乳 | 牛乳 |
|------|--------|------|
| 缓冲指数（dB/dpH） | 0.018～0.047 | 0.006～0.034 |
| 冰点（℃） | −0.57～0.61 | −0.51～0.56 |
| 酒精稳定性（%） | 75 | 77 |

资料来源：El-Agamy 等，2009；zhao 等，2015；Park 等，2006；赵电波等，2005。

乳中的灰分是指乳制品中除去水分、脂肪、蛋白质和乳糖等有机成分之外的矿物质和无机盐的残余物，在维持人体生理功能和健康状态方面发挥着协同作用，为细胞代谢、酸碱平衡、神经传导等生命过程提供了必需的营养支持。骆驼成熟乳中总灰分含量为 0.84%～0.90%，略高于牛乳（0.75%～0.82%），远高于人乳（0.27%）。与其他畜乳相似，相比于常乳，骆驼初乳含有更高水平的灰分含量（1.00%～3.84%）。此外，双峰骆驼初乳和常乳的灰分含量均高于单峰骆驼（Zhao 等，2015）。成熟骆驼乳中的能量（66.5 kcal/100 mL）略低于牛乳（70.1 kcal/100 mL）（Sawaya 等，1984；Mehaia 和 Al Kahnal，1989），脂肪和乳糖是乳中主要的能量来源，骆驼乳相比于牛乳更高的能量可能与骆驼乳更高的乳糖含量有关。

浓稠度是骆驼乳重要的理化指标，它与乳中干物质和水分的比例密切相关。不同泌乳阶段的骆驼乳浓稠度差别很大，通常来说，初乳的浓稠度远高于成熟乳。有报道称，中国双峰驼初乳的浓稠度可达 24.66 cP，产后 1～7 天的骆驼初乳的浓稠度范围是 7.52～8.27 cP，而成熟骆驼乳的浓稠度是 6.79～6.90 cP（赵电波 等，2005）。乳的相对密度和浓稠度密切相关，骆驼初乳的最高相对密度为第一次挤奶时的 1.055，产后 1～7 天的骆驼初乳的相对密度范围是 1.034～1.037，而骆驼成熟乳为 1.028～1.040（El-Agamy 等，2009，Konuspayeva 等，2010a）。此外，与山羊乳（相对密度 1.028±0.001）、牛乳（相对密度 1.030±0.001）相比，骆驼乳（1.032±0.002）的相对密度更高（Park 等，2006）。乳的导电率一般用于隐性乳房炎乳的测定，骆驼初乳的电导率为（0.38～0.45）×$10^4$ μS/m，而骆驼成熟乳为（0.38～0.55）×$10^4$ μS/m（Zhao 等，2015）。骆驼乳的冰点为 –0.61～–0.57℃，略低于牛乳（–0.56～–0.51℃）（Park 等，2006），这可能与骆驼乳中较高的盐或乳糖含量有关。

在化学上水的缓冲指数被定义为碳酸氢根（$HCO_3^-$）的浓度指数，一般来说，乳缓冲指数越大，乳的口感越柔和。此外，缓冲指数高的乳制品对胃溃疡患者具有潜在的治疗作用。研究表明，新鲜的中国双峰骆驼乳在 pH 值为 4.4 左右表现出最大的缓冲指数（Zhao 等，2015）。此外，在 pH 值为 5.2 时，国外单峰骆驼乳的最大缓冲指数为 0.060～0.062，而在 pH 值为 7.7～7.9 时，其最小缓冲指数介于 0.011～0.012（Park 等，2006）。而作为对比，人乳、牛乳、水牛乳、绵羊乳和山羊乳的最大缓冲指数相应值分别为 0.05、0.034、0.043、0.049 和 0.042，它们的最小缓冲指数分别为 0.03、0.006、0.007、0.007 和 0.006（Al Saleh 和 Hammad，1992）。 骆驼乳这种特异性的缓冲能力反映了骆驼乳相较于其他畜乳特殊的缓冲系统组成。

酒精试验是验收原料乳的重要检测项目之一，乳中的蛋白质在酒精的作用下容易变性析出或沉淀，酒精试验是根据蛋白质的凝聚程度来判定乳的酸度，而乳的酸度很大程度上反映了乳的新鲜度。有研究表明，内蒙古地区骆驼乳的酒精稳定性为 75%，而牛乳的酒精稳定性为 77%（赵电波等，2019）。事实上，影响骆驼乳酒精稳定性的因素与骆驼乳中钙等矿物质的含量密切相关。

# 4

# 骆驼乳的蛋白质组成及其营养特性

  蛋白质是乳中重要的营养物质，骆驼乳、人乳和牛乳的基本化学成分组成见表4-1。据报道，双峰骆驼初乳的蛋白质含量为14.23%～18.93%（Zhao等，2015），并在泌乳初期的含量相对稳定。哺乳期对畜乳的蛋白质含量有着较大的影响，在骆驼乳中观察到初乳蛋白质含量高，但在分娩几天后蛋白质含量迅速下降。有研究发现，骆驼初乳蛋白质含量在泌乳最初的12 h内下降至9.63%，并在90天内逐渐下降至3.6%（Zhang等，2005）。双峰骆驼成熟乳的蛋白质含量与骆驼初乳差异较大，含量为3.55%～4.45%，远高于人乳（1.10%～1.30%），而与牛乳（3.20%～3.80%）相似（Zhao等，2015；Ho等，2022）。研究表明，骆驼乳中蛋白质的含量受品种和季节的影响十分明显，有报道称，单峰骆驼乳中蛋白质的含量在8月最低，而在12月和1月最高，与骆驼乳蛋白质日产量的规律相似，并随全年的光照时间呈现出一定的规律性变化（Nagy等，2019）。此外，单峰骆驼乳的蛋白含量为2.00%～4.60%，其平均蛋白质含量略低于双峰骆驼乳（Zhao等，2015）。骆驼乳、人乳和牛乳不同蛋白组分的含量见表4-2。总体而言，骆驼乳蛋白可被分为两种主要成分，即酪蛋白胶束蛋白和乳清蛋白，约占乳中蛋白总量的95%以上。此外，乳腺在泌乳时包被在脂肪滴外的膜蛋白被称为乳脂球膜蛋白，尽管仅占乳中蛋白质总量的1%～4%，但相比于其他蛋白组分（乳清蛋白组分和酪蛋白胶束蛋白组分），乳脂球膜蛋白组分通常会表现出更大的复杂性。

表 4-1　骆驼乳（单峰骆驼、双峰骆驼）与人乳、牛乳的
基本化学成分组成（成熟乳，%）

| 成分 | 双峰骆驼乳 | 单峰骆驼乳 | 人乳 | 牛乳 |
|---|---|---|---|---|
| 蛋白质 | 3.55～4.45 | 2.00～4.60 | 1.10～1.30 | 3.20～3.80 |
| 乳糖 | 4.23～4.92 | 2.56～5.85 | 6.80～6.90 | 4.80～4.90 |
| 脂肪 | 3.83～5.71 | 2.35～5.50 | 3.30～4.70 | 3.70～4.40 |
| 灰分 | 0.66～0.94 | 0.60～0.95 | 0.20～0.30 | 0.70～0.80 |

资料来源：Zhao 等，2015；Ho 等，2022；Merrg 等，2021。

表 4-2　骆驼乳（单峰骆驼、双峰骆驼）与人乳、牛乳的
不同蛋白组分含量参考值（成熟乳，%）

| 成分 | 双峰骆驼乳 | 单峰骆驼乳 | 人乳 | 牛乳 |
|---|---|---|---|---|
| 乳清蛋白 | 0.93 | 1.02 | 1.26 | 0.73 |
| 酪蛋白胶束蛋白 | 2.40 | 3.01 | 0.71 | 2.51 |

资料来源：Ji 等，2024。

# 4.1

# 骆驼乳的氨基酸组成及其营养特性

氨基酸是构成蛋白质的基本单位，并赋予了蛋白质特定的分子结构形态。骆驼乳、人乳和牛乳中蛋白质的氨基酸组成见表4-3。乳中氨基酸浓度的变化与多种因素密切相关，例如物种、泌乳阶段、牧草营养成分、环境温度和湿度等。骆驼乳蛋白质中检测到的主要氨基酸为谷氨酸（21.7 g/100 g 蛋白质）和脯氨酸（12 g/100 g 蛋白质），其次是亮氨酸（9.7 g/ 100 g 蛋白质）和赖氨酸（7.2 g/100 g 蛋白质），而半胱氨酸（1.2 g/100 g 蛋白质）和色氨酸（1.2 g/100 g 蛋白质）的含量相对最低（Xiao 等，2022）。双峰骆驼乳的蛋白质中的谷氨酸含量与单峰骆驼乳、牛乳、水牛乳、绵羊乳和山羊乳的含量相似，而赖氨酸含量低于牛乳、水牛乳、绵羊乳和山羊乳，略高于单峰骆驼乳（Zhao 等，2015）。研究发现，中国双峰骆驼乳中蛋白质的蛋氨酸含量显著高于牛乳和人乳，而胱氨酸含量与人乳接近。此外，骆驼乳蛋白质还含有较多的丙氨酸和缬氨酸（Bai 等，2009）。双峰骆驼乳中每100 g 蛋白质中的组氨酸含量为2.64 ~ 2.75 g，而精氨酸的含量是3.99 ~ 4.35 g，这与单峰骆驼乳蛋白质的组氨酸和精氨酸含量基本相似。此外，中国双峰骆驼乳中每100 g 蛋白质的脯氨酸含量为7.62 ~ 9.59 g，而丙氨酸的含量为2.35 ~ 2.68 g/100 g，

表 4-3　骆驼乳（单峰骆驼、双峰骆驼）、牛乳和人乳蛋白质的
氨基酸含量参考值（成熟乳，g/100 g 蛋白质）

| 氨基酸 | 骆驼乳 | 人乳 | 牛乳 |
|---|---|---|---|
| 必需氨基酸 | | | |
| 精氨酸 | 4.0 | 3.3 | 3.7 |
| 组氨酸 | 2.7 | 2.8 | 3.3 |
| 异亮氨酸 | 5.1 | 3.7 | 4.9 |
| 亮氨酸 | 9.7 | 9.5 | 9.3 |
| 赖氨酸 | 7.2 | 10.1 | 8.1 |
| 蛋氨酸 | 3.2 | 1.7 | 2.5 |
| 苯丙氨酸 | 5.0 | 3.9 | 4.2 |
| 苏氨酸 | 5.7 | 8.3 | 7.3 |
| 色氨酸 | 1.2 | 0.5 | 1.4 |
| 缬氨酸 | 6.7 | 8.2 | 7.6 |
| 非必需氨基酸 | | | |
| 丙氨酸 | 3.0 | 4.2 | 4.0 |
| 天冬氨酸 | 7.0 | 6.7 | 7.0 |
| 半胱氨酸 | 1.2 | 1.0 | 0.9 |
| 甘氨酸 | 1.5 | 2.1 | 2.5 |
| 谷氨酸 | 21.7 | 16.8 | 18.6 |
| 脯氨酸 | 12.0 | 10.6 | 9.9 |
| 丝氨酸 | 5.2 | 4.1 | 6.2 |
| 酪氨酸 | 4.6 | 2.9 | 4.6 |

资料来源：Rafiq 等，2009；Bai 等，2009。

均低于单峰骆驼乳（Bai 等，2009；Shamsia，2009）。但总体而言，骆驼乳蛋白质中氨基酸的组成与奶牛乳、水牛乳、绵羊乳和山羊乳高度相似。有研究进一步比较了不同品种双峰骆驼乳中的氨基酸图谱组成，结

果发现，阿拉善双峰驼、野生双峰驼和戈壁红双峰骆驼乳中必需氨基酸（EAA）与非必需氨基酸（NEAA）的比值分别为 0.97、0.94 和 0.92，这与单峰骆驼（0.93）、牛（1.0）、绵羊（0.95）和人（1.07）的乳汁非常接近。此外，双峰骆驼乳中苯丙氨酸与酪氨酸的比值为 1.19，这与单峰骆驼（1.10）和牛乳（0.91）相近，但低于人乳（1.34）（Ji，2006；Bai 等，2009）。除了蛋氨酸外，其他的氨基酸在双峰骆驼的泌乳早期表现出了最高的丰度，并随着泌乳期的延长逐渐下降，其中半胱氨酸在整个泌乳期内呈线性下降。另有研究发现，在整个泌乳期内，双峰骆驼乳中必需氨基酸的显著差异主要体现在赖氨酸的浓度与蛋氨酸和半胱氨酸的总浓度（$P < 0.05$），这两者的值均在泌乳的第 90 天达到最高水平（Xiao 等，2022）。

根据对以往研究数据的综合分析，不论是单峰骆驼乳还是双峰骆驼乳，都满足了人类饮食所需要的氨基酸营养质量平衡，并达到了 FAO/世界卫生组织（WHO）/联合国大学对食品氨基酸的营养要求。在双峰骆驼乳中，除色氨酸外，共检测出 17 种氨基酸。其中，EAA 的含量约占整个哺乳期骆驼乳总氨基酸（TAA）的 43.52% ～ 43.87%。 EAA/TAA 和 EAA/NEAA 比值分别在 40% 和 75% 以上，均等于或高于 FAO/WHO 理想蛋白质标准（分别在 40% 和 60% 以上）（Xiao 等，2022）。从营养学的角度来说，在食品吸收消化利用过程中，氨基酸需要一定的比例才能被充分地吸收利用。即使该食物中的蛋白质总量较高，其蛋白质质量也无法达到最佳水平。这种特定氨基酸被称为限制性氨基酸。有研究根据 FAO（2013）推荐的三种营养模型计算了双峰骆驼乳的氨基酸得分。氨基酸评分显示，对于成人营养来说，双峰骆驼乳排在前几位的限制性氨基酸分别为苯丙氨酸和酪氨酸、赖氨酸和缬氨酸，而在婴儿（0～0.5岁）模式下，除了苯丙氨酸＋酪氨酸、亮氨酸和异亮氨酸外，其余氨基酸得分均在 100 以上（Xiao 等，2022）。因此，当将骆驼乳用于乳制品生产时，应考虑额外添加一些限制性氨基酸，如苯丙氨酸、酪氨酸和赖氨酸，以进一步优化骆驼乳的营养成分。

# 4.2

# 骆驼乳的酪蛋白及其营养特性

　　酪蛋白胶束是由非共价分子实体组成的超分子，有着广泛的生物学功能（McMahon 和 ommen，2008）。乳中的钙和磷酸盐大部分会被包裹在酪蛋白胶束中，这也是实现酪蛋白胶束营养功能的关键。酪蛋白胶束在乳汁的合成和分泌中起着至关重要的作用，尽管酪蛋白胶束被认为是相对稳定的颗粒，但它们的组成和大小随 pH 值、温度和蛋白质浓度的变化而变化，因此决定了乳中分散系统的胶体稳定性，从而影响乳的物理化学性质和稳定性（Chandrapala 等，2012）。酪蛋白胶束的尺寸和组成对于凝固过程非常重要，在液态乳储存或加工乳制品时，其凝固时间随胶束尺寸的不同而变化，从而影响产品的口感。有研究表明，较小的酪蛋白胶束乳比较大的胶束乳更容易产生坚硬的凝乳（Grandison，1986）。然而，关于骆驼乳中酪蛋白胶束的结构状态已发表数据很少。但可以肯定的是，骆驼乳中的酪蛋白胶束与牛乳中的酪蛋白胶束具有较大差异。有研究通过电子显微镜观察了骆驼乳的冷冻样品，结果发现，相比于人乳和牛乳，骆驼乳中酪蛋白胶束的体积分布曲线较宽，最大值为 260 ～ 300 nm，而牛乳酪蛋白则为 100 ～ 140 nm（Farah 和 Ruegg，1989）。中国农业科学院北京畜牧兽医研究所奶业创新团队最近的一项研究比较了骆驼乳和人乳、几种反刍动物乳、马乳和驴乳的酪蛋白胶束粒径（图4-1），结果发现，骆驼（双峰）乳酪蛋白胶束的平均粒径［（232.83±3.00）nm］显著高于马乳［（185.40±7.74）nm］、人乳［（124.87±1.56）nm］和几种反刍动物乳，而明显低于驴乳酪蛋白胶束的平均粒径［（277.58±12.48）nm］。

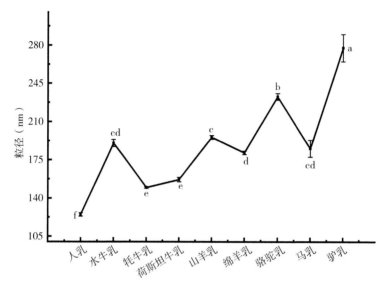

图4-1 不同物种乳酪蛋白胶束平均粒径（成熟乳）

注：不同物种乳的数据中若无相同字母则被认为具有显著性差异（$P < 0.05$）。

酪蛋白是乳中酪蛋白胶束的主要组成部分，也是牛乳中最主要的乳蛋白类别。骆驼乳的蛋白质部分也主要由酪蛋白组成，占蛋白质组分的70% ~ 80%。酪蛋白是一种磷酸化蛋白质，在20℃酸化至pH值为4.6时会在原料奶中沉淀。值得注意的是，酪蛋白胶束还会以交联或黏附的形式结合其他组分的蛋白，例如乳清蛋白或乳脂球膜蛋白。酪蛋白有四种不同的基因表达产物，又被称为不同的酪蛋白亚基，分别是 $\alpha_{S1}$- 酪蛋白、$\alpha_{S2}$- 酪蛋白、$\beta$- 酪蛋白和 $\kappa$- 酪蛋白，它们通过非共价聚集共同形成 20 ～ 500 nm 的胶束结构。在较早的研究中，已通过基于聚丙烯酰胺凝胶电泳的蛋白组学方法鉴定了骆驼乳中的蛋白组分，包括 $\alpha_{S1}$- 酪蛋白、$\alpha_{S2}$- 酪蛋白、$\beta$- 酪蛋白和 $\kappa$- 酪蛋白的四种酪蛋白亚基均被鉴定。其中，$\alpha_{S1}$- 酪蛋白和 $\beta$- 酪蛋白占主导地位，而 $\alpha_{S2}$- 酪蛋白在凝胶上显示为弥散带，$\kappa$- 酪蛋白条带在凝胶中几乎不存在。此外，$\alpha_{S1}$- 酪蛋白、$\alpha_{S2}$- 酪蛋白和 $\beta$- 酪蛋白相应的分子量分别为 31 kDa、25 kDa 和 27 kDa（Larsson-Raznikiewicz 和 Mohamed，1986）。另有研究通过反相液相色谱对骆驼发酵乳酪蛋白组分进行了分级鉴定，结果鉴定了四种酪蛋白亚基，并且骆驼发酵乳 $\beta$- 酪蛋白与 $\kappa$- 酪蛋白的比例低于发酵牛乳中的比例（Salami，2017）。这种酪蛋白比例的差异可能导致骆驼发酵乳酪蛋白胶束在热加工和酶促凝固中具有一些独特的加工特性。有报告称，相比于牛乳，使用骆驼乳制作奶酪和酸奶等发酵乳制品更加困难，这可能归因于骆驼乳中更低含量的酪蛋白（Ramet，2001）。骆驼乳的酪蛋白组成受泌乳期影响明显，中国双峰骆驼出生后 2 h 的骆驼乳中酪蛋白含量占总蛋白的（30.9±2.9）%，并在哺乳期稳步增加，出生后 90 天达到（52.2±0.2）%，这与人乳中酪蛋白的表达规律类似（Zhang 等，2005）。不同种类的骆驼乳 $\kappa$- 酪蛋白的含量差异十分明显，中国双峰骆驼乳的 $\alpha_{S1}$- 酪蛋白、$\alpha_{S2}$- 酪蛋白、$\beta$- 酪蛋白和 $\kappa$- 酪蛋白的比例为 37∶6.1∶44.2∶12.7（Bonizzi 等，2009），而单峰骆驼乳中的比例为 22∶9.5∶65∶3.5（El-Agamy，2009）。此外，$\alpha_{S2}$- 酪蛋白在双峰骆驼乳和单峰骆驼乳间也可能存在较大差异。基于凝胶电泳的蛋白质组学，在双峰骆驼乳中没有清晰地检测出 $\alpha_{S2}$- 酪蛋白的条带（Zhang 等，2005；Ji，2006），而在单峰骆驼乳中发现了这种条带（Alim 等，2005）。双峰骆驼乳和单峰骆驼乳这种异质性可能源于多种因素的复杂组合，包括环境（采样周期和喂养）、生理（哺乳阶段和胎次）和遗传（品种和多态性）。骆驼乳酪蛋白含有高比例的 β – 酪蛋白，约占总酪蛋白的 65%，与人乳类似（Kappeler 等，2003）。由于 β – 酪蛋白对肽水解的抵抗力低于 α – 酪蛋白，因此尽管有着更大的酪蛋白胶束，相比于反刍动物乳，富含 β – 酪蛋白的骆驼乳通常被认为更适合人类婴儿消化。

骆驼乳与牛乳酪蛋白亚基的氨基酸组成见表 4-4。事实上，乳蛋白的质量很大程度上取决于酪蛋白氨基酸的组成和平衡。酪蛋白在宿主肠道中很容易消化，是婴幼儿生长发育过程中所需氨基酸的极好来源。总体而言，相比于单峰骆驼乳和双峰骆驼乳，牛乳酪蛋白中 EAA 和 NEAA 的浓度更高。而骆驼乳酪蛋白含有较少的半胱氨酸和较多的脯氨酸（Ho 等，2022）。有研究分析比较了牛乳和来自沙特阿拉伯三种不同骆驼品种的骆驼乳中酪蛋白的氨基酸组成和含量（Salmen 等，2012）。结果发现，除了赖氨酸、苏氨酸、蛋氨酸和异亮氨酸等外，牛乳 β – 酪蛋白中的 EAA 浓度高于骆驼乳。相比于牛乳，骆驼乳中 κ – 酪蛋白含有更高丰度的精氨酸，而其他 NEAA 在牛乳的 κ – 酪蛋白中的含量均高于骆驼乳；除了赖氨酸在骆驼 κ – 酪蛋白中的浓度较高外，牛乳中的 κ – 酪蛋白含有更多的其他 EAA，均高于骆驼乳；而在不同骆驼乳品种间，观察到 κ – 酪蛋白中大多数 EAA 的含量差异不显著。牛乳 α – 酪蛋白中的一些 EAA，例如蛋氨酸、异亮氨酸、亮氨酸和苯丙氨酸，也显著高于所有品种骆驼乳。

表4-4 骆驼乳与牛乳不同酪蛋白亚基的氨基酸组成对比（%）

| 氨基酸 | $\alpha_{S1}$-酪蛋白 | | $\alpha_{S2}$-酪蛋白 | | $\beta$-酪蛋白 | | $\kappa$-酪蛋白 | |
|---|---|---|---|---|---|---|---|---|
| | 骆驼乳 | 牛乳 | 骆驼乳 | 牛乳 | 骆驼乳 | 牛乳 | 骆驼乳 | 牛乳 |
| 丙氨酸 | 3.0 | 4.5 | 2.9 | 3.9 | 2.9 | 2.4 | 4.8 | 8.3 |
| 精氨酸 | 4.9 | 3.0 | 1.8 | 2.9 | 1.9 | 1.9 | 2.7 | 3.0 |
| 天冬氨酸 | 9.1 | 7.5 | 6.5 | 8.7 | 3.8 | 4.3 | 6.2 | 7.1 |
| 半胱氨酸 | 0.0 | 0.0 | 1.0 | 1.0 | 0.0 | 0.0 | 0.6 | 1.2 |
| 谷氨酸 | 20.9 | 19.6 | 21.8 | 19.3 | 19.5 | 18.7 | 17.7 | 16.0 |
| 甘氨酸 | 2.3 | 4.5 | 1.9 | 1.0 | 1.2 | 2.4 | 2.2 | 1.2 |
| 组氨酸 | 2.3 | 2.5 | 2.7 | 1.4 | 1.8 | 2.4 | 1.9 | 1.8 |
| 异亮氨酸 | 6.2 | 5.5 | 5.3 | 5.3 | 5.7 | 4.8 | 6.9 | 7.1 |
| 亮氨酸 | 8.0 | 8.5 | 5.1 | 6.3 | 10.8 | 10.5 | 7.2 | 4.7 |
| 赖氨酸 | 7.3 | 8.0 | 16.6 | 11.6 | 5.9 | 5.3 | 5.6 | 5.3 |
| 蛋氨酸 | 1.7 | 2.5 | 1.6 | 1.9 | 2.9 | 2.9 | 1.5 | 1.2 |
| 苯丙氨酸 | 2.7 | 4.0 | 5.1 | 2.9 | 3.8 | 4.3 | 3.6 | 2.4 |
| 脯氨酸 | 8.4 | 8.5 | 5.1 | 4.8 | 18.3 | 16.7 | 14.4 | 11.8 |
| 丝氨酸 | 8.0 | 8.0 | 6.7 | 8.2 | 6.1 | 7.7 | 6.3 | 7.7 |
| 苏氨酸 | 4.9 | 2.5 | 8.0 | 7.2 | 5.0 | 4.3 | 7.1 | 8.9 |
| 酪氨酸 | 4.6 | 5.0 | 5.7 | 5.8 | 2.5 | 1.9 | 3.6 | 5.3 |
| 色氨酸 | 1.0 | 1.0 | 2.2 | 1.0 | 0.0 | 0.5 | 0.7 | 0.6 |
| 缬氨酸 | 4.8 | 5.5 | 6.1 | 6.8 | 8.0 | 9.1 | 7.1 | 6.5 |

资料来源：Ho等，2022；Salmen等，2012；Park等，2006。

骆驼乳酪蛋白的磷酸化程度低于牛乳酪蛋白，$\alpha_{S1}$-酪蛋白和$\beta$-酪蛋白的磷酸化程度与牛乳大致相同，而$\alpha_{S2}$-酪蛋白的磷酸化程度明显高于牛乳酪蛋白。酪蛋白组成与氨基酸的组成密切相关。骆驼乳$\alpha_{S1}$-酪蛋白和$\beta$-酪蛋白与牛乳酪蛋白类似，不含半胱氨酸残基，而$\alpha_{S2}$-酪蛋

白和 κ - 酪蛋白仅含有两个半胱氨酸。在骆驼乳酪蛋白的组成中，脯氨酸的含量较牛乳酪蛋白略有上升，具体表现为在 $\alpha_{S1}$- 酪蛋白中为 8.4%，在 $\alpha_{S2}$- 酪蛋白中为 5.1%，在 β - 酪蛋白中为 18.3%，以及在 κ - 酪蛋白中为 14.4%。相比之下，牛乳酪蛋白中脯氨酸的含量在 $\alpha_{S1}$- 酪蛋白为 8.5%，在 $\alpha_{S2}$- 酪蛋白中为 4.8%，在 β - 酪蛋白中为 16.7%，以及在 κ - 酪蛋白中为 11.8%。骆驼乳酪蛋白中较高的脯氨酸含量可能更易导致酪蛋白胶束二级结构的不稳定（Salami，2017）。

　　骆驼乳和牛乳的 $\alpha_{S1}$- 酪蛋白在一级结构上的相似性较低，但二级结构相似性较高。在骆驼乳 $\alpha_{S1}$- 酪蛋白中，N 末端的亲水性更明显。与牛乳类似，骆驼乳 $\alpha_{S2}$- 酪蛋白是四种酪蛋白中亲水性最强的，并且具有很高的 α 螺旋潜力（Salami，2017）。骆驼乳 κ - 酪蛋白二级结构与牛乳 κ - 酪蛋白相似，并且 N 端的 α 螺旋和 β 折叠含有半胱氨酸，其半胱氨酸残基的位置与牛乳 κ - 酪蛋白中的位置相似（Salami，2017）。与牛乳 κ - 酪蛋白在骆驼凝乳酶裂隙中的构象不同，骆驼乳 κ - 酪蛋白凝乳酶切割位点位于 Phe97-Ile98，此外，凝乳酶对牛奶的酶促凝固取决于酪蛋白胶束的结构和组成，而骆驼乳 κ - 酪蛋白的序列中 His98-102 中的组氨酸残基相比于牛乳的碱性更强（Plowman 和 Creamer，1995），导致骆驼乳 κ - 酪蛋白主链不需要像牛乳那样与凝乳酶紧密结合，这赋予了骆驼乳独特的加工特性。

　　酪蛋白胶束蛋白的组成特性与奶酪加工密切相关。有报告称，相比于牛乳，使用骆驼乳制作奶酪和酸奶等发酵乳制品更加困难，这可能归因于骆驼乳中更低含量的酪蛋白（Ramet，2001）。值得注意的是，迄今为止报道的大多数关于骆驼乳奶酪的研究主要集中在新鲜和软奶酪类型的各种加工参数的优化上（Baig 等，2022），而制作骆驼乳奶酪的标准化方案尚未制定。事实上，未经处理的骆驼乳不适合作为奶酪加工的原材料。一方面，由于常用的牛凝乳酶不适合凝固骆驼乳，另一方面，骆驼乳的 κ-酪蛋白含量较低，在硬质干酪的制作过程中，奶酪的凝固主要是通过酪蛋白胶束表面的 κ-酪蛋白的酶水解来实现的。骆驼乳与牛乳的不同之处在于 κ-酪蛋白的凝乳酶裂解位点不同，骆驼乳的凝乳酶裂解位点位于 Phe97-Ile98 氨基酸序列位点，而牛乳的凝乳酶裂解位点位于 Phe105-Met106 氨基酸序列位点（Salami 等，2017），这导致骆驼乳在加工奶酪的过程中，酪蛋白胶束网络更容易遭到破坏。有趣的是，最近开发了转基因骆驼凝乳酶（Chy-Max M1000），这种酶在奶酪加工过程中，显著改善了骆驼乳的凝乳过程（Sørensen 等，2011）。此外，将骆驼乳浓缩 2 倍或 4 倍以上也可以改善凝乳酶对骆驼乳的胶凝作用（Hassl 等，2011）。然而，需要进一步研究加工参数对骆驼乳奶酪质量的影响。

来源于骆驼乳酪蛋白的生物活性肽被证明具有多种生物活性。有报告称，在骆驼乳酪蛋白中鉴定的约 200 种肽中，15% ～ 20% 已被检测具有多种生物活性，包括血管紧张素抑制活性和抗氧化活性（Rahimi 等，2016），来自骆驼乳的 $\alpha_{S1}$-酪蛋白在中性条件下具有促进营养吸收的分子伴侣活性（Badraghi 等，2009）。骆驼 β-酪蛋白含有许多具有强疏水性的氨基酸，以及一些具有成为磷酸基受体潜力的丝氨酸和苏氨酸残基。这些特性突出了骆驼 β-酪蛋白在食品加工中作为疏水成分载体的能力。据报道，骆驼 β-酪蛋白通过疏水相互作用封装姜黄素可显著提高姜黄素的溶解度、生物利用度和抗氧化活性（Esmaili 等，2011）。已有研究证明，利用鼠李糖乳杆菌这种蛋白水解型菌株对骆驼乳进行发酵，能够触发骆驼乳蛋白质的释放血管紧张素抑制肽和抗氧化肽，这些功能性肽段对于提升骆驼发酵乳的保质期具有积极作用（Moslehishad等，2013）。

# 4.3

# 骆驼乳的乳清蛋白及其营养特性

　　众所周知，以牛乳为代表的反刍动物乳中主要的乳清蛋白是 β -乳球蛋白，占乳清蛋白总量的 55%，而 α -乳白蛋白相对较少，占 20.25%。与牛乳不同，骆驼乳中乳清蛋白占所有乳蛋白质的 30% 左右，主要包括 α -乳白蛋白、血清白蛋白、免疫球蛋白、糖基化依赖黏附分子和乳铁蛋白。其中，α -乳白蛋白在骆驼乳乳清蛋白中占主导地位，比例约为 86.6%（El-Agamy 等，1997；Shori，2015）。缺少 β -乳球蛋白是骆驼乳乳清蛋白的一个典型特征。先前的研究已通过色谱、电泳和免疫学方法对骆驼乳中的乳清蛋白进行了分离鉴定（Farah，1986；El-Agamy 等，1997；Salami，2017），鉴定出一系列具有潜在抗菌活性的生物活性蛋白，包括乳铁蛋白、糖基化依赖黏附分子、免疫球蛋白、乳过氧化物酶、肽聚糖识别蛋白、溶菌酶和乳清酸性蛋白，但未检出 β -乳球蛋白。使用凝胶电泳技术对骆驼乳乳清蛋白进行聚丙烯酰胺凝胶电泳分级，并与其他物种的乳清蛋白进行比较。骆驼乳乳清蛋白的电泳模式显示出与其他物种不同的电泳行为，骆驼乳的血清白蛋白、α -乳白蛋白 A 和 α -乳白蛋白 B 的分子量分别为 67 kDa、15 kDa 和 13.2 kDa。其中，α -乳白蛋白的迁移速度较慢，但血清白蛋白的迁移速度比所有受检物种乳的迁移速度更快。此外，在凝胶上没有观察到骆驼乳中属于 β – 乳球蛋白的条带，与人乳相似（El-Agamy 等，1997）。β – 乳球蛋白是牛乳的主要过敏原之一，由于骆驼乳缺乏 β – 乳球蛋白且存在保护性蛋白，与人乳类似，这使得骆驼乳成为抑制性抗生素的潜在来源，在婴幼儿配方乳粉中有着巨大的应用前景（Konuspayeva 等，2011a）。据报道，骆驼乳清的某些加工特性与牛乳不同。与从牛乳获得透明乳清相比，骆驼乳凝固后获得的乳清呈现白色。这主要由于骆驼乳清含有较高浓度的更小粒径的酪蛋白胶束和脂肪球，以及较低浓度的核黄素。与酪蛋白胶束类似，不同品种的骆驼乳乳清蛋白组成具有较大差异，单峰骆驼乳和双峰骆驼乳的乳清蛋白组成中仅有 60% 的蛋白被共同鉴定。然而，不同品种的骆驼乳乳清蛋白的总量相似，双峰骆驼乳乳清蛋白占所有乳蛋白质的 28.10%。而在单峰骆驼乳中为 28.5%（Zhao 等，2015）。此外，和酪蛋白胶束的蛋白组成表达规律类似，不同季节、地域的同一品种的骆驼乳乳清蛋白组成具有较大的差异（Al Haj 和 Al Kanhal，2010）。

热加工是乳品常见的处理技术。与牛乳乳清蛋白相比，骆驼乳乳清蛋白在较低的加热温度下热稳定性更高。在 80℃ /30 min 加热条件下，骆驼乳乳清蛋白的变性程度（32% ～ 35%）低于牛乳清蛋白（70% ～ 75%）（Wernery，2006）。而在较高的加热温度下（140℃），骆驼乳蛋白质稳定性相比于牛乳较差，这可能是由于骆驼乳的 β – 乳球蛋白和 κ – 酪蛋白的含量更低（El Zubeir 和 Jabreel，2008）。另有研究表明，骆驼乳清中的免疫球蛋白活性在 75℃加热 30 min 后损失了 68.9%，而牛乳中的相应值为 100%。当样品在 80℃以下加热时，骆驼乳的乳铁蛋白抗菌活性不会受到影响，加热至 90℃后，骆驼乳中乳铁蛋白的抗菌活性明显下降，而牛乳中乳铁蛋白的活性完全丧失（Zhao 等，2007），这表明骆驼乳中的免疫球蛋白和乳铁蛋白的热稳定性高于牛乳，可能更有利于热加工骆驼乳中免疫活性因子的保留。另有研究发现，在 pH 值低于 5 的骆驼乳清的热加工过程中，由于 α－乳清蛋白含量高，乳清蛋白更容易发生聚集。因此，相比于牛乳清蛋白，骆驼乳乳清蛋白对酸度更敏感（Laleye 等，2008）。最近的一项研究中观察到牛乳和骆驼乳在 80℃加热 60 min 后形成沉积物。对于骆驼乳而言，沉积物含有 57% 的蛋白质和 35% 的矿物质（质量分数）；而对于牛乳而言，沉积物含有 69% 的蛋白质和 28% 的矿物质（Felfoul 等，2015）。多项研究表明，骆驼乳清和牛乳清因加热导致的蛋白变异机制的差异可能与 α－乳白蛋白和血清白蛋白的丰度差异高度相关（Tayefi-Nasrabadi 等，2011，Felfoul 等，2015）。此外，由于骆驼乳清中缺乏 β－乳球蛋白，因此相比于牛发酵乳，骆驼发酵乳通常具有更弱的凝胶结构和稀稠度。有报道称，在 80℃或以上温度对牛乳进行热加工时，β－乳球蛋白会发生一定程度的变性，而这种反应可以增加乳清蛋白的水结合能力，从而改善乳制品的质地（Hailu 等，2016）。

此外，相比于牛乳清，骆驼乳清还富含多种具有显著抗菌和抗病毒作用的免疫活性因子。高丰度的糖基化依赖黏附分子和乳清酸蛋白是骆驼乳乳清蛋白组成的特征之一，其含量在骆驼乳清中远高于其他畜乳。骆驼乳中乳清酸蛋白约占乳清蛋白总量的 1.9%，糖基化依赖黏附分子占 11.5%。由于骆驼乳清中的乳清酸蛋白（12.5 kDa）具有潜在的蛋白酶抑制作用（Girardet 等，1993），因此，与其他生乳相比，较高水平的乳清酸蛋白可以作为天然防腐剂，延长骆驼乳的储存时间和保质期。类似地，糖基化依赖黏附分子作为脂肪酶的抑制剂，也可以为骆驼乳加工带来潜在的益处（Santini 等，2020）。

乳铁蛋白是一种铁结合糖蛋白，具有多种生物学作用。例如抗氧化活性和抗炎作用（Farid 等，2021），已广泛应用于乳制品加工。据报道，骆驼乳的乳铁蛋白含量在 200 ～ 1 000 mg/L 范围内，高达总蛋白含量的 0.5%，而牛乳中的乳铁蛋白含量仅为 100 ～ 120 mg/L（Raei 等，2015）。值得注意的是，不同于牛乳，骆驼乳中乳铁蛋白的抗菌活性可以耐受高达 80℃的加热。溶菌酶又称胞壁质酶，是一种能水解细菌中黏多糖的碱性酶。经证实，溶菌酶可以通过破坏细胞壁中的 N- 乙酰胞壁和 N- 乙酰氨基葡萄糖之间的糖苷键，使细胞壁不溶性黏多糖分解成可溶性糖肽，导致细胞壁破裂内容物逸出而使细菌溶解（Zhang 和 Rhim，2022）。此外，溶菌酶还可与带负电荷的病毒蛋白结合，使病毒失活。骆驼乳的溶菌酶（228 ～ 500 μg/100 mL）浓度显著高于牛乳、水牛乳、绵羊乳和山羊乳，浓度分别是牛乳、水牛乳、绵羊乳和山羊乳的 11 倍、18 倍、10 倍和 8 倍（Park 等，2006）。乳中的溶菌酶浓度随哺乳期和动物健康状况的变化而变化，在骆驼乳和牛乳中，初乳中溶菌酶的浓度通常高于普通乳汁（Barbour 等，1984）。

此外，相比于酪蛋白胶束，由于具有种类更丰富且功能全面的蛋白质和氨基酸谱，骆驼乳清成为生产生物活性肽的重要来源。已有研究从骆驼乳中纯化出高活性的 β- 淀粉酶和低活性的黄嘌呤氧化还原酶（Baghiani 等，2003）。相比于牛乳，骆驼乳的 α- 乳白蛋白具有更高的消化率和抗氧化活性。使用微生物和消化酶对骆驼乳和牛乳制品进行酶处理后获得的生物活性肽显示，从骆驼乳制品中获得的多肽具有更高的抗氧化和抗菌活性，其中，从骆驼乳中衍生的两种肽 Asn-Glu-Asp-Asn-HisPro-Gly-Ala-Leu-Gly-Glu-Pro-Val 和 Lys-Val-Leu-Pro-Val-ProGln-Gln-Met-Val-Pro-Tyr-Pro-Arg-Gln 被鉴定为潜在的食品抗氧化剂（Salami 等，2009）。然而，需要进一步的研究表征骆驼乳中这些功能性肽段的前体蛋白，从而为骆驼乳清特定功能的开发提供数据支持。

# 4.4

# 骆驼乳的乳脂肪球膜蛋白及其营养特性

乳脂肪球膜（MFGM）是关键乳成分之一，它是覆盖于乳脂球膜的三层膜，占乳蛋白总量的 1%～4%（图 4-2）。MFGM 来源于细胞的不同部分，包括内质网膜、乳腺分泌细胞的顶质膜和细胞质（Han 等，2022b）。它包裹着乳汁中的脂质分子，主要包括甘油三酯、磷脂、胆固醇以及其他各种内在的、外周的蛋白质以及源自原始乳腺细胞的其他成分。经证实，MFGM 蛋白具有许多有益的生物活性作用，例如抗菌、抗病毒、抗癌和抗炎作用（王煜林 等，2023）。

据报道，在双峰骆驼的 MFGM 蛋白中，除了酪蛋白、α–乳白蛋白和 β–乳球蛋白等主要蛋白外，乳脂球表皮生长因子 8、嗜丁素亚家族 1 成员 A1、α–S1–酪蛋白、黄嘌呤脱氢酶和亲脂素也被观察到以高丰度存在。此外，单峰骆驼乳和双峰骆驼乳的 MFGM 被共同鉴定的蛋白占 MFGM 蛋白总量的 80.4%，具有较高的保守性（Han 等，2022a）。不同物种的畜乳 MFGM 的蛋白组成明显不同，据报道，牛乳、山羊乳和骆驼乳 MFGM 蛋白组成及其生物功能存在显著差异。其中，糖基化依赖黏附分子和黄嘌呤脱氢酶等蛋白在牛乳、山羊乳和骆驼乳 MFGM 中均被观察到以高丰度存在，而骆驼乳 MFGM 的 α–乳白蛋白和乳脂球表皮生长因

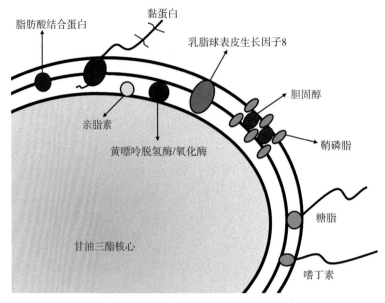

图 4-2　MFGM 的结构和主要 MFGM 蛋白的定位

（资料来源：Manoni 等，2020）

子 8 的相对丰度比牛乳 MFGM 高 9 倍以上，膜联蛋白 A6 的丰度是牛乳的 12 倍。骆驼乳和牛乳 MFGM 蛋白参与的生物学功能也有所不同。根据 GO 注释，骆驼乳 MFGM 蛋白主要参与细胞活动和细胞成分，而牛乳 MFGM 蛋白主要与宿主防御和免疫有关（Han 等，2022b）。糖基化依赖黏附分子是一种磷酸化糖蛋白，参与上皮保护、细胞转移和乳汁分泌等过程，乳脂球表皮生长因子 8 被证明具有增强吞噬和清除凋亡细胞的功能，还可以减轻肠黏膜炎症及通过促进肠黏膜上皮细胞的移行进而促进黏膜的修复，增强肠黏膜屏障作用（陈丽，2015）。此外，膜联蛋白 A6 属于膜结合膜联蛋白超家族，是保守的 $Ca^{2+}$ 依赖型蛋白，参与膜和细胞骨架的组织、胆固醇稳态、细胞黏附和信号转导等功能（Veschi 等，2020）。因此，骆驼乳可能是这些具有功能特性的蛋白的潜在乳基来源。

# 5

## 骆驼乳的脂质
## 组成及其营养特性

脂质在营养上可作为乳中主要的能量来源，占 4%～5%，充当脂溶性维生素的溶剂，并提供必需 FAs，以脂肪球的形式从乳腺中被分泌。乳脂肪球的核心为甘油三酯，占总脂质的 97%～98%，并被由磷脂质 / 胆固醇和蛋白质组成的乳脂肪球膜包裹。乳脂球膜脂质的含量仅为乳中脂质总量的 0.5%～1%，但脂质种类繁多，主要是磷脂，包括甘油磷脂和鞘磷脂等极性脂类，占乳中总磷脂的 60%～70%。双峰骆驼的脂肪含量为 4.83%～5.71%，平均而言，双峰骆驼乳的脂肪含量高于牛乳（3.70%～4.40%）、人乳（3.30%～4.70%）和单峰骆驼乳（2.35%～5.50%）（Zhao 等，2015；Ho 等，2022）。双峰骆驼初乳中的脂肪含量（0.27%～0.35%）较低，并在泌乳第一周左右逐渐增加至平均水平，这种变化规律与单峰骆驼乳相似（Zhao 等，2015）。骆驼乳全年脂质的含量变化与蛋白的含量变化规律类似，在冬季的含量最高（3.3%），而在夏季的含量最低（2.5%），并随全年的光照时间呈现出规律性变化，这可能主要由于骆驼在不同环境下饮食的变化，并反映了其中央和外周生物钟在调节乳腺内乳汁合成以及解码环境线索和产生昼夜节律方面的作用（Nagy 等，2019）。

**5.1**

# 骆驼乳的脂肪球大小及其理化特性

乳脂肪以分散在乳清中的脂肪球的形式存在，畜乳的脂肪球粒径通常为 1.2 ～ 4.2 μm。骆驼乳中的脂肪含量为 1.2 ～ 6.4 g/100 g，和牛乳类似（El–Zeini，2006）。有研究称，骆驼乳脂肪含量可能与产地密切相关（Ho 等，2022）。乳脂肪球的粒径大小和乳化特性关系到乳液的稳定性和加工特性，脂肪球越小，乳化特性越差。乳脂肪球粒径的大小对于乳中脂肪的消化和乳制品加工具有重要意义，骆驼和人以及其他奶畜之间的乳脂肪球粒径具有显著差异，表 5-1 总结了九种不同物种乳脂肪球的平均表面积粒径和平均体积粒径，骆驼乳的平均面积粒径（D[3,2]）为（3.09±0.01）μm，低于绵羊乳、水牛乳、牦牛乳和人乳，而高于马乳、驴乳、山羊乳和荷斯坦牛乳。而对于平均体积粒径（D[4,3]），在不同畜乳间观察到的规律与 D[3,2] 类似（表 5-1）。更小的脂肪球粒径通常反映了更大的脂肪球表面积，这增加了脂肪酶与脂肪球的接触面积，从而更有利于消化。乳中甘油三酯的排列通常会导致多种脂肪晶型的存在，而乳脂肪的熔化行为又十分复杂，因此脂肪球的大小一直以来都是乳制品加工的重点关注对象。

表 5-1　不同物种乳脂肪球的 D[3,2] 和 D[4,3] 参考范围（μm）

| 种类 | D[3,2] | D[4,3] |
|---|---|---|
| 人乳 | 3.43±0.02b | 6.46±0.16d |
| 水牛乳 | 4.22±0.04a | 11.33±0.41a |
| 牦牛乳 | 3.46±0.01b | 6.24±0.01d |
| 荷斯坦牛乳 | 2.85±0.01d | 4.10±0.03e |
| 山羊乳 | 2.49±0.03e | 3.68±0.01f |
| 绵羊乳 | 4.25±0.01a | 9.77±0.09b |
| 骆驼乳 | 3.09±0.01c | 6.83±0.31c |
| 马乳 | 2.18±0.00f | 2.94±0.00g |
| 驴乳 | 1.54±0.01g | 2.61±0.01g |

注：数值以平均值 ± 标准差表示，某一列中不同物种乳的数据中无相同字母者被视为具有显著性差异（$P < 0.05$）。

资料来源：中国农业科学院北京畜牧兽医研究所奶业创新团队。

　　乳脂具有广泛的物理特性，因为它包含 400 多种不同的 FAs。然而，它主要由 16 种主要 FAs 组成，这些 FAs 决定了黄油的物理特性，即熔化和凝固温度、干物质含量、硬度以及所得黄油的涂抹性。由于乳脂肪球甘油三酯核心部分的不同排列组合导致了多种晶型存在，乳中脂肪的熔化过程非常复杂（Haddad 等，2011）。研究表明，骆驼乳脂肪的熔点和凝固温度分别为 41.9℃和 30.5℃，而牛乳脂肪的熔点和凝固温度分别为 32.6℃和 22.8℃（Brezovečki 等，2015）。相比于牛乳，骆驼乳更高的脂肪熔点可能与其更高含量的长链 FAs 和更低含量的短链 FAs 密切相关。由于相比于牛乳，骆驼乳脂肪球粒径较小，熔点较高，因此骆驼乳的乳化速度较慢，骆驼乳基黄油的制作也更加困难，乳脂回收率也更低。据报道，包括热加工在内的某些因素会显著影响脂肪球的大小和数量。有研究将骆驼乳在 55℃、60℃、62℃、68℃、70℃和 77℃下加热 30 min，在 4℃下进行奶油加工，并在 5 h 和 24 h 后测量奶油层。结果发现，骆驼乳在所有温度下都表现出非常缓慢的乳化速率，类似于绵羊乳和山羊乳（Farah 和 Ruegg，1989）。另有报告称，由于骆驼乳乳化速度较慢，因此即使静置 48 h 也无法有效地分离出奶油层。这一方面是由于骆驼乳较小的脂肪球粒径，另一方面是由于骆驼乳中缺乏蛋白凝集素（Seifu，2023）。为了获得骆驼黄油，骆驼乳需要在比牛乳（8～12℃）高得多的温度（20～25℃）下搅拌。骆驼乳黄油的熔化范围为 41～42℃，平均比牛乳黄油的相应值高 8℃，骆驼乳脂肪的这种特性使其很难在与搅拌牛乳相似的温度下搅拌奶油（Bakry 等，2021）。此外，与牛乳脂肪相比，骆驼乳脂肪中高熔点部分的比例较高，而低熔点和中熔点部分的比例较低，因此骆驼乳和牛乳的脂肪熔化规律和可搅拌性具有较大差异。骆驼乳脂肪的最佳搅拌效果在 25℃左右，此时 35% 的骆驼乳脂肪仍然是液态，而搅拌牛乳脂肪的常用温度在 10～14℃。因此，需要开发新的处理方法将脂肪球膜与骆驼乳脂肪分离。

对于其他乳脂常数，表 5-2 总结了双峰骆驼乳、单峰骆驼乳和牛乳的乳脂常数。相比于牛乳，双峰骆驼乳和单峰骆驼乳的乳脂常数更为接近。有研究表明，双峰骆驼乳和单峰骆驼乳的脂肪碘值和熔点均高于牛乳、山羊乳、绵羊乳和水牛乳脂肪，这可能和骆驼乳中存在更多的长链 SFAs（C14～C18）有关（Park 等，2006）。

### 表 5-2 骆驼乳和牛乳的乳脂常数参考范围

| 乳脂常数 | 双峰骆驼乳 | 单峰骆驼乳 | 牛乳 |
|---|---|---|---|
| 酸价（mg KOH/g） | 0.30～0.44 | 0.54 | 1.50 |
| 折射点 | 1.456 3 | 1.4490～1.4714 | 1.4530 |
| 皂化值（mg KOH/g） | 189.3～200.0 | 200.0～217.0 | 228.5 |
| 碘值（g I$_2$/100g） | 51.80～55.00 | 43.80～55.00 | 28.13～32.30 |
| 波伦斯克值 | ND | 0.50～0.62 | 1.56～1.61 |
| 赖克特-迈斯尔值（mL） | ND | 1.10～2.12 | 28.40～29.56 |
| 熔点（℃） | 40.40～42.46 | 37.97～44.10 | 31.50～34.80 |

资料来源：Brezovečki 等，2015；Park 等，2006。

ND：在参考研究中未检测到或未提供该参数的数据。

# 5.2

# 骆驼乳的脂肪酸组成及其营养特性

FAs 是构成乳脂的基本单位，乳脂中的 FAs 组成非常复杂，这主要由于它们来源广泛，例如瘤胃微生物代谢、体内储存、代谢来源和日粮来源的 FAs，并受多种因素影响（Bakry 等，2021）。FAs 通常根据其饱和水平分为三组，即 SFAs、单不饱和脂肪酸（MUFAs）和多不饱和脂肪酸（PUFAs），其中，PUFAs 包括 n–6 PUFAs 和 n–3 PUFAs。表 5–3 比较了双峰骆驼乳、单峰骆驼乳、人乳和牛乳中几种主要 FAs（C12:0 ～ C18:0）的相对含量。据报道，阿拉善双峰骆驼、苏尼特双峰骆驼和准格尔双峰骆驼乳中 PUFAs（C18:1 ～ C18:3）的含量略有不同，分别占总 FAs 的 30.25%、29.78% 和 27.83%，均高于哈萨克斯坦双峰骆驼，与单峰骆驼乳相似（Zhao 等，2015）。这可能是由于品种、饲养、季节、地区和哺乳阶段都影响了 FAs 的组成。

表 5–3　骆驼乳、人乳和牛乳中几种主要脂肪酸（C12 ～ C18）
的相对含量参考范围（成熟乳，%）

| 脂肪酸 | 双峰骆驼乳 | 单峰骆驼乳 | 人乳 | 牛乳 |
| --- | --- | --- | --- | --- |
| C12:0 | 0.78 ～ 1.24 | 0.45 ～ 1.00 | 2.70 ～ 2.90 | 1.60 ～ 3.10 |
| C13:0 | 0.05 ～ 0.17 | 0.03 ～ 0.10 | 0.10 | 3.81 |

续表

| 脂肪酸 | 双峰骆驼乳 | 单峰骆驼乳 | 人乳 | 牛乳 |
|---|---|---|---|---|
| C14:0 | 11.49～15.43 | 9.90～14.50 | 7.20～7.30 | 4.09～10.40 |
| C14:1 | 0.58～0.80 | 0.50～1.86 | 11.24 | 1.70～14.78 |
| C15:0 | 1.23～1.42 | 0.50～1.62 | 0.00 | 1.25～2.44 |
| C16:0 | 28.95～32.05 | 26.60～34.90 | 19.88～24.00 | 26.60～34.21 |
| C16:1 | 7.01～7.32 | 6.60～12.30 | 0.00～5.30 | 0.70～1.70 |
| C18:0 | 14.75～16.10 | 9.70～17.82 | 6.80～10.87 | 7.86～10.19 |
| C18:1 | 18.78～26.05 | 16.70～26.30 | 24.73～39.80 | 22.69～29.00 |
| C18:2 | 1.19～2.16 | 1.10～4.80 | 12.20～19.24 | 2.25～3.20 |
| C18:3 | 0.60～2.91 | 0.51～1.70 | 0.90～2.96 | 0.36～1.10 |

资料来源：Bakry 等，2021；Zou 等，2013；Wei 等，2019。

与牛乳（78.33%）相比，骆驼乳中 SFAs 的含量较低（46%～66%）。骆驼乳脂中最主要的 SFAs 是 C16:0，其次是 C18:0 和 C14:0（Zou 等，2013）。尽管骆驼有三个胃，骆驼仍被认为是反刍动物，并可以通过发酵纤维素产生碳原子数目为 4～8（C4～C8）的 FAs。然而，与其他反刍动物相比，骆驼乳中 C4～C8 FAs 的浓度较低，其含量与人乳类似。这种独特的 SFAs 分布赋予了骆驼乳一些有趣的营养特性。在膳食方面，碳原子数目为 18 的 SFAs 对健康没有影响，而碳原子数目为 14 和 16 的 SFAs 则常常被认为不利于人类膳食营养，因为这些脂肪酸通常与高浓度的血清低密度脂蛋白（LDL）胆固醇呈正相关（Ohlsson，2010）。此外，大量摄入 SFAs 会抑制 n-6 FAs 的代谢，导致必需氨基酸的缺乏，增加患冠心病的风险（Virtanen 等，2014）。在检测到的 SFAs 中，相比于富含高浓度长链 FAs 的其他反刍动物乳，骆驼乳中存在更高浓度的中链 FAs，因此可能更有利于脂质的消化（Konuspayeva 等，2008）。

UFAs 是乳脂中第二大类 FAs，牛乳脂中约含有 25% 的 MUFAs，而骆驼乳脂中 MUFAs 的含量约为 35%。骆驼乳中的 MUFAs 主要以油酸（C18:1 n-9）为代表，约占总 FAs 组成的 15.15% ～ 32.88%，其次是棕榈油酸（C16:1 n-9）（Bakry 等，2021）。脂肪酸去饱和酶活性负责骆驼乳中 MUFAs 和 PUFAs 的生物合成，相比于其他反刍动物乳，骆驼乳中较高浓度的 MUFAs 可能与骆驼中较慢的后肠发酵以及较高的脂肪酸去饱和酶活性有关（Zou 等，2013）。事实上，从人类健康角度来看，膳食脂质中理想的 FAs 组成应为 8% 的 SFAs，82% 的 MUFAs 和 10% 的 PUFAs。显而易见，相比于牛乳，骆驼乳由于其更高含量的 MUFAs 更适合人类的膳食营养。此外，MUFAs 对动脉疾病具有一定的改善作用，其可通过改变血管内皮生理学来降低血浆低密度脂蛋白胆固醇和总胆固醇含量，以及循环血浆的纤溶活性（Pérez-Jiménez 等，1999）。

PUFAs 占骆驼乳 FAs 总量的 2.7% ～ 8.46%，高于牛乳（1.89%）（Zou 等，2013），但远低于人乳（10% ～ 20%）（Wei 等，2019）。众所周知，PUFAs 在新生儿大脑、视网膜和认知功能的生长中发挥着关键作用。事实上，由于瘤胃中的细菌生物氢化作用，反刍动物的 PUFAs 水平普遍较低，其中，亚油酸（C18:2 n-6）和 α-亚麻酸（C18:3 n-3）分别是主要的 n-6 PUFAs 和 n-3 PUFAs。据报道，骆驼乳的 C18:2 n-6 为 FAs 总量的 0.17% ～ 3.31%，比人乳低而明显高于牛乳（Zou 等，2013；Wei 等，2019）。有趣的是，骆驼乳的 C18:3 n-3 含量与人乳和其他畜乳相比有着更大的差异。骆驼乳中 C18:3 n-3 含量为 0.05% ～ 2.16%，比人乳高 1 倍，比牛乳高 10 ～ 13 倍（Zou 等，2013；Teng 等，2017）。据报道，骆驼乳富含的 C18:3 n-3 在调节和预防心律失常、减少中枢神经系统损伤以及对冠心病的保护方面有着积极影响（Burlingame 等，2009）。骆驼乳脂肪还含有较高的共轭亚油酸（C18:2），其含量高于人乳（Dreiucker 和 Vetter，2011；Teng 等，2017）。共轭亚油酸在反刍动物生物氢化过程中会产生多种异构体，瘤胃酸、C18:2-t10 和 C18:2-c12 是骆驼乳中发现的两种主要 C18:2 异构体，分别占总 FAs 的（0.80 ± 0.15）% 和（0.06 ± 0.02）%（Karray 等，2005）。据报道，C18:2 对癌细胞表现出细胞毒作用，这表明其有益于人类健康（Wongtangtintharn 等，2004）。

乳中的二十碳五烯酸（C20:5 ω-3）、二十二碳六烯酸（C22:6 ω-3）和花生四烯酸（C20:4 ω-6）属于微量 PUFAs。总体而言，大多数关于骆驼乳中 FAs 成分的文献研究结果均表明骆驼乳中不存在或仅存在微量的 C20:5 ω-3 或 C20:4 ω-6，和牛乳类似，而在人乳中的比例更高（Zou 等，2013；Teng 等，2017）。这些 PUFAs 对婴幼儿早期的大脑以及神经生长发育至关重要，并能增强抗过敏能力以及提高免疫力（Zielinska 等，2019）。由于 C20:5 ω-3、C22:6 ω-3 和 C20:4 ω-6 在人体中的代谢速度很慢且转化量很少，远远不能满足人体的需要，特别是对于早期发育阶段的婴幼儿而言（Saini 和 Keum，2018；Koletzko 等，2020）。因此，如骆驼乳用于婴幼儿营养增加，则可能需要额外添加 C20:4 ω-6 和 C22:6 ω-3。

# 5.3

# 骆驼乳的甘油三酯及其营养特性

甘油三酯（TAG）是乳脂的主要类别，约占乳脂总量的98%，其组成主要由FAs的种类和数量决定。以往对乳脂中TAG的研究表明，存在大量与物种相关的TAG，以及相关的位置异构体（Haddad等，2010；Bakry等，2020）。和乳中的其他营养成分类似，饮食、季节、哺乳期和奶畜种类的差异会导致乳汁TAG的含量和组成发生变化（Bakry等，2021）。多项研究表明，骆驼乳中TAG的含量和组成与其他反刍动物明显不同。相比于牛乳和其他小型反刍动物乳，骆驼乳的脂质中含有更低比例的TAG，相对含量为90.08%，主要的TAG类别是CN46、CN48、CN50和CN52（Smiddy等，2012；Zou等，2013）。此外，不同种类骆驼的TAG含量有所差异，相比于单峰骆驼乳，双峰骆驼乳的脂质中含有更多的TAG（Bakry等，2021）。骆驼乳脂TAG的FAs组成也与其他畜乳有所不同。研究发现，骆驼乳中TAG大多是由SFAs和UFAs组成，其中奇数链FAs约占TAG的13.5%，而几乎不含有短链或中链FAs。此外，骆驼乳还含有大量的饱和和不饱和的长链TAG分子种类（Zhao等，2022）。从乳品加工的角度来说，这些饱和的长链TAG分子种类可以改善黄油产品的结晶度，从而影响骆驼乳制品的感官特性。从食品营养的

角度来说，骆驼乳中丰富的不饱和长链 TAG 分子可以减轻脂肪对血脂的不利影响并调节血液中的胆固醇。

目前，关于骆驼乳中 TAG 的分布和组成的研究相对较少。尽管存在特异性的酰基转移酶的影响，骆驼乳 TAG 中 FAs 的分布仍有规律可循（Haddad 等，2011）。研究表明，骆驼乳在 sn-2 位点检测到 SFAs 浓度最高，而 UFAs 主要位于 sn-1 和 sn-3 位点，此外，大多数棕榈酸定位于 sn-1 和 sn-3。因此，与大多数乳脂肪相反，骆驼乳中 sn-2 位点的棕榈酸含量相对较低，与人乳类似（Haddad 等，2010；Bakry 等，2020）。基于脂质组学的研究比较了骆驼、人和其他反刍动物乳之间的脂质差异，结果发现相比于反刍动物乳，人乳和骆驼乳比其他乳中含有更高比例的长链 PUFAs，并且这些 FAs 在 sn-1/2/3 位点的分布相似。此外，骆驼乳中的功能性 TAG（OPO、OPL 和 PPO）的比例高于其他畜乳，与人乳类似（Zhao 等，2022）。因此，从成分和结构特征来看，骆驼乳中的功能性脂质与人乳更加接近，有作为婴幼儿配方奶脂质基础的较高潜力。

# 5.4

# 骆驼乳的胆固醇及其营养特性

胆固醇是骆驼乳脂肪中最丰富的甾醇，其水平由乳中的总脂肪含量决定（Farag 和 Kebary，1992）。胆固醇是用于人体营养的重要脂质成分，食品中胆固醇的含量已经引起了医学研究的高度关注，并且常常与冠心病有关。胆固醇是骆驼乳脂肪中最丰富的甾醇，然而，需要更多的研究进一步了解骆驼乳胆固醇对人体健康的影响（Parodi，2009）。据报道，骆驼乳的平均胆固醇含量（31.32 mg/100 g）高于牛乳的平均胆固醇含量（25.63 mg/100 g），品种、胆固醇/脂肪比、年龄、饮食、挤奶时间和哺乳期都是影响骆驼乳胆固醇水平的重要因素（Gorban 和 Izzeldin，1999）。多项报道称，骆驼乳中的胆固醇水平随哺乳期而变化。骆驼初乳中的总胆固醇（2.98 g/100 g）高于成熟乳（27.6 mg/100 g），在整个泌乳期内，骆驼乳中的总胆固醇含量呈现出先上升（泌乳 1～10 天）后下降的趋势（泌乳 10～240 天）（Gorban 和 Izzeldin，1999；Kamal 和 Salama，2009）。事实上，骆驼乳中胆固醇的营养性一直是一个有争论的话题，因为它似乎与牛乳中的胆固醇完全不同，特别是在总胆固醇水平方面。有报道称，更高比例的小粒径脂肪球与牛乳中较高浓度的胆固醇相关（Kamal 和 Salama，2009）。此外，相比于骆驼乳，牛乳除了含有更高含量的胆固醇，其另一个特点是其富含 SFAs，这也是一个增加人类血液中总体胆固醇水平的诱发因素。尽管一些早期的报道显示，骆驼乳及其乳制品对动物的血脂具有明显的降胆固醇作用（Badriah，2012；Meena 等，2019）。然而，可能需要使用相同的分析方法并考虑乳液中脂肪含量以及 FAs 组成的变异性以进一步比较骆驼乳与不同畜乳的胆固醇营养特性。

# 5.5

# 骆驼乳的磷脂及其营养特性

　　磷脂仅占脂质总量的 1% ～ 2%，但却是重要的脂质成分之一（Zhao 等，2022）。多项研究表明，磷脂对婴儿早期的大脑和神经发育至关重要，并已在食品或临床营养方面被广泛用作促进生物活性功能的添加剂（Kumar 等，2019；Raghu 等，2019）。乳中的磷脂主要分布于乳脂球膜，与牛乳类似，骆驼乳 MFGM 中存在的主要磷脂是磷脂酰胆碱（PC）（4.28%）、磷脂酰乙醇胺（PE）（1.26%）、鞘磷脂（SM）（3.11%）、磷脂酰肌醇（PI）（0.20%）和磷脂酰丝氨酸（PS）（0.38%）（Zhao 等，2022）。值得注意的是，相比于其他反刍动物乳，骆驼乳中磷脂的比例是最高的，而高比例磷脂的存在可能会赋予骆驼乳制品特殊的生物活性。有报道称，在哺乳期的第一周，成熟骆驼乳的磷脂含量（1.21%）略高于初乳（0.67%），然而，影响骆驼乳磷脂组成的其他因素有待进一步研究，例如品种、遗传和营养方面（MS Gorban 和 Izzeldin，2001）。

　　此外，相比于其他畜乳，骆驼乳中磷脂的一个典型特征是骆驼乳各个磷脂亚类的比例也是最高的，这可能赋予了骆驼乳更全面的生物活性（Zhao 等，2022）。有报道称，PE 可以改善婴儿的大脑和神经系统的发育（Shea，2019），而 PC 可以调节脂质代谢，从而减少人的脂肪肝和肥胖的患病概率（Lee 等，2014）。SM 诱导包括平滑肌及心肌细胞在内的各种细胞的分化，调节免疫功能和炎症反应并参与氧化应激（Tanaka 等，2013）。这些结果表明，由于高丰度、多种类的磷脂存在，相比于其他畜乳，骆驼乳可能具有更好的大脑和神经系统改善特性、脂质调节特性以及抗菌抗氧化特性。

# 6

## 骆驼乳的碳水化合物组成及其营养特性

和其他乳中的碳水化合物类似，骆驼乳中主要的碳水化合物种类为乳糖。乳糖是乳中热能的主要来源之一，乳中总热量的 25% ～ 40% 来自乳糖。另有一小部分未经消化的乳糖可以在肠道中发挥益生元的作用，刺激肠道有益菌的增长。低聚糖是乳中除乳糖和脂肪外的第三大固形物，乳中低聚糖的种类繁多，几乎所有动物乳汁中都含有低聚糖，其中人乳中的低聚糖含量最高，结构也最为复杂。有研究发现，人乳中的低聚糖种类高达 200 余种。值得注意的是，低聚糖属于一类不可被消化的复杂碳水化合物，在进入胃肠道后仅 1% 会被直接吸收。虽然供能很少，但这并不意味着这种成分对婴儿的生长发育毫无帮助。相反，低聚糖作为人乳中特有的活性物质，在婴儿免疫系统的发育中发挥了重要的作用。

# 骆驼乳的乳糖及其营养特性

乳糖，即二糖，是牛乳中主要的碳水化合物。骆驼乳中乳糖含量和乳中的固形物含量密切相关，特别是受地理区域和季节变化影响明显。据报道，中国双峰骆驼乳中乳糖含量为4.23% ～ 4.92%（Zhao 等，2015）。而一年四季中阿联酋商品骆驼乳的乳糖含量范围为4.0% ～ 4.3%（Nagy 等，2019），摩洛哥和阿尔及利亚骆驼乳的乳糖含量分别为49.8 g/L和43.12 g/L（Bouhaddaoui 等，2019）。这可能主要是由于骆驼在不同环境下的饮食具有较大的差异所导致。研究发现，能够自由饮水的骆驼乳的平均乳糖含量高达5%，而脱水的骆驼乳的平均乳糖含量则会下降至2.9%（Ho 等，2022）。

相比于人乳（6.8% ～ 6.9%），骆驼乳的乳糖含量明显更低，其中单峰骆驼乳的乳糖含量为2.56% ～ 5.85%，双峰骆驼乳为4.23% ～ 4.92%，与牛乳（4.8% ～ 4.9%）相似（Ho 等，2022）。来源于不同泌乳期的单峰骆驼乳的乳糖含量差异更加明显，骆驼幼犊刚出生时，骆驼乳的乳糖含量较低（2.8%），但在哺乳第一天内可增加至3.8%（Ho 等，2022）。而对双峰骆驼而言，从分娩到产后90天的乳糖含量变化较小，含量为4.24% ～ 4.71%（Zhang 等，2005）。

除供能外，乳糖还具有其他糖类所不具备的生理意义。有研究表明，骆驼乳中乳糖浓度的变化是不同骆驼乳口味差异的主要原因之一（Yagil 和 Etzion，1980）。乳糖在人体胃中不被消化吸收，因此可直达肠道。乳糖能促进人体肠道内某些乳酸菌的生成，能抑制腐败菌的生长，有助于肠道的蠕动作用（Ibrahim 等，2021）。此外，由于乳酸菌的作用而生成的乳酸有利于钙以及其他物质吸收，从而保证婴儿早期的骨骼发育。在乳糖酶的作用下，在人体肠道内的乳糖被分解成葡萄糖和半乳糖等单糖，进而被吸收。半乳糖是构成脑及神经组织的糖脂质的一种成分，对婴儿的智力发育十分重要，它能促进半乳糖脑苷脂和黏多糖类的生成（Szilagyi，2019）。作为益生元，肠道菌群还能通过分解乳糖增加结肠中的矿物溶解度并增加渗透压，以此促进钙和镁的吸收。同时，乳糖还有助于结肠中的膳食纤维发挥作用，缓解便秘（Cardoso 等，2021）。

值得注意的是，对于乳糖不耐症患者来说，食用骆驼乳不会出现明显的乳糖不耐受症状，这表明骆驼乳似乎是一种更安全、更健康的选择。这可能主要由于骆驼乳的消化率较高。有研究表明，骆驼乳易于消化的一个潜在原因是骆驼乳中酪啡肽浓度较低，会引起肠道蠕动减慢，从而使乳糖在较长时间内更多地暴露于乳糖酶的作用下，促进乳糖的消化（Cardoso 等，2010）。与牛乳相比，骆驼乳乳糖耐受性较高的另一个原因可能是生骆驼乳中较高含量的 L- 乳酸，约是牛乳的 100 倍（Konuspayeva 等，2019）。

# 6.2

# 骆驼乳的低聚糖及其营养特性

　　低聚糖是一类结构复杂的聚糖，定义为包含 3 ～ 10 个通过糖苷键以共价形式连接的单糖组成的碳水化合物，其组成主要分为葡萄糖、半乳糖、N- 乙酰葡糖胺、岩藻糖、N- 乙酰神经氨酸、N- 羟乙酰神经氨酸。这些单糖通过连接序列、置换和空间结构的变化极大丰富了乳中的低聚糖类型（金紫璇和盛晓阳，2022）。乳中低聚糖的存在形式主要以游离态和结合态为主。乳中的游离低聚糖几乎不能被人体消化利用，仅作为益生元作用于有机体，这类低聚糖种类极为丰富，并大量存在于乳汁中（蓝航莲等，2022）。低聚糖不仅以游离态形式存在，还可与蛋白以及脂肪形成聚合物并在机体中发挥作用（曹雪妍等，2018）。蛋白质与糖苷基的链接方式造就了多种糖基化形式。例如 O- 糖基化，C- 糖基化和 S- 糖基化。糖脂主要有两种，一种是鞘磷脂，广泛分布于乳脂球膜；另一种为甘油糖脂，主要分布于乳中的各类微生物中。

　　关于乳中低聚糖的研究较少，表 6-1 总结了双峰骆驼乳、人乳和牛乳中几种主要低聚糖的含量。有研究对奶牛乳、山羊乳、绵羊乳、猪乳、马乳和单峰骆驼乳的低聚糖结构进行了比较分析，结果在骆驼乳中鉴定出了最多种类的低聚糖结构（48 种），而在山羊乳（38 种）和牛乳

（35 种）中鉴定出了较少的种类。其中，唾液酸化寡糖约占所有畜乳中寡糖总量的 80% ~ 90%，在骆驼乳中鉴定的 45 个结构中，有 23 个属于中性寡糖部分（Albrecht 等，2014）。对于来源于不同泌乳阶段的骆驼乳而言，双峰骆驼初乳和成熟乳中的唾液酸浓度分别为 0.20 g/100 mL 和 0.12 g/100 mL，而牛初乳和成熟乳中的唾液酸浓度分别为 0.29 g/100 mL 和 0.04 g/100 mL。骆驼初乳和成熟乳低聚糖之间存在显著差异，特别是在酸性低聚糖方面。初乳中至少发现了 8 种酸性寡糖，其中最主要的酸性寡糖是 3'- 唾液乳糖（3'-SL），而成熟乳中只发现了一种。因此，骆驼初乳可能是分离唾液酸寡糖的潜在来源。乳中的低聚糖具有多种营养特性。首先，作为益生元，低聚糖对建立和维持肠道微生物种群具有重要的作用。研究表明，低聚糖可以通过选择性刺激肠道微生物的活性，促进双歧杆菌、拟杆菌和乳杆菌的增殖（刘波等，2021）。作为抗黏附剂或受体诱饵，唾液酸乳糖能有效地降低肠道病原性大肠杆菌、沙门氏菌和弯曲杆菌等致病菌的黏附（逯莹莹等，2018）。此外，唾液酸乳糖还可以作为免疫调节剂。低聚糖不仅可以通过血液循环直接作用于人体免疫细胞，也可以通过有益微生物代谢间接促进免疫功能。有研究表明，一些酸性低聚糖可有效降低人脐带血 T 细胞中过敏原特异性 T 细胞中的白介素的产生（Eiwegger 等，2010）。婴儿在接受补充唾液酸乳糖的配方乳粉的条件下，肿瘤细胞的生长可被抑制（Goehring 等，2016）。目前，低聚糖作为益生元已经被广泛用于乳制品添加剂，而富含唾液酸乳糖的骆驼乳可能是比普通牛乳更优良的婴儿配方乳粉的乳基来源。

表 6-1 双峰骆驼乳、人乳和牛乳中几种主要低聚糖的
含量参考范围（成熟乳，μg/mL）

| 低聚糖 | 双峰骆驼乳 | 人乳 | 牛乳 |
|---|---|---|---|
| 3-SLN | 10.00±4.21 | 227.12±68.39 | 12.01±1.71 |
| 3-GL | 14.18±3.32 | 7.36±3.64 | 5.20±0.58 |
| 2'-FL | ND | 406.92±123.91 | ND |
| 3'-SL | 24.36±6.89 | 15.21±1.75 | 16.26±2.42 |
| 6'-SL | 23.06±5.26 | 43.94±6.17 | 9.48±1.95 |
| DSL | 2.61±0.25 | ND | ND |

注：3-SLN，3-唾液基-N-乙酰乳糖胺；3-GL，3-半乳糖基乳糖；2'-FL，2'-岩藻糖基乳糖；3'-SL，3'-唾液乳糖；6'-SL，6'-唾液乳糖；DSL，二唾液酰乳糖；ND，在参考研究中未检测到或未提供该参数的数据。

资料来源：Albrecht 等，2014；Yao 等，2024。

目前尚未有研究对不同加工方式下的乳中低聚糖进行差异分析，但似乎温和的热加工方式并不会影响畜乳中的低聚糖浓度。研究发现，巴氏杀菌并不会显著影响骆驼乳的低聚糖种类以及总低聚糖浓度，对于其他畜乳也是如此，而对于巴氏杀菌的人乳而言，65℃加热后人乳中 3'-SL 的含量显著降低，而其他低聚糖的浓度没有发生显著变化；而经过高温杀菌（135℃，60 s）后，牛乳中 3'-SL（占总低聚糖含量的 70% 以上）显著下降，并且其他低聚糖的含量也出现了明显的下降（Bertino 等，2008）。因此，我们推测高温杀菌下的骆驼乳也会出现类似的情况，可能原因之一是美拉德反应，因为该反应涉及氨基酸和还原糖在高于 120℃ 的温度下发生相互作用（Van Boekel，1998）。

**7**

# 骆驼乳的矿物质
# 组成及其营养特性

乳中存在多种矿物元素，这些矿物元素在乳中的存在形式主要有以下 3 种：①与有机酸和无机酸结合，呈可溶性盐形式存在；②与乳中的蛋白质结合并以胶体形式存在，主要是酪蛋白胶束；③吸附于乳脂肪表面。尽管这些矿物质在乳中的比例通常不足 1%，然而它们对于乳蛋白（尤其是酪蛋白磷酸盐）的物理状态和稳定性至关重要。从营养的角度来看，乳矿物盐对人体的健康至关重要，特别是乳中的钙（Ca）和磷（P），是构成骨骼的重要成分，并参与能量代谢和细胞功能的调节（Cashman，2006）。此外，钾（K）、镁（Mg）、钠（Na）和氯（Cl）等矿物元素在维持机体的电解质平衡、血压稳定方面发挥着重要作用（Singh 等，2017）。在乳品加工方面，乳矿物盐还可用于乳制品的添加剂，以增强营养价值和口感，调整 pH 值。骆驼乳、人乳和牛乳中矿物元素的平均浓度总结于表 7-1。乳中的矿物质含量受多种因素影响，包括畜种、喂养情况、泌乳期等（王海燕等，2019）。总体而言，骆驼乳中的主要矿物元素含量与牛乳十分相似，而与人乳差异较大。然而，骆驼乳中矿物元素的某些特性与人乳类似。例如，双峰骆驼乳中主要矿物元素的含量由高到低的顺序为 K> Cl> Ca > P > Na，这与人乳十分相似；有报道称，相较于牛乳（1.29）和人乳（2.1）的 Ca：P，骆驼乳的 Ca：P（1.5）与人乳更加相似，这表明骆驼乳中的 Ca、P 可能更符合婴幼儿的吸收模式（Ho 等，2022）。对于骆驼乳中的一些特征性的矿物元素，骆驼乳中磷（P）、锌（Zn）、锰（Mn）和铁（Fe）的浓度高于牛乳和人乳；另有报道称，相比于水牛乳、奶牛乳、山羊乳和人乳，单峰骆驼乳中含有更高含量的 P、Cu、Zn 和 Na（Benmeziane–Derradji，2021）。因此，骆驼乳可以被认为是这些矿物质的良好来源。不同环境下的骆驼乳中的矿物元素有所差异，据报道，生活在沙漠条件下的伊朗骆驼乳中的 Ca 含量远高于生活在营养充足条件下的骆驼乳中的 Ca 含量（Mostafidi 等，2016）。来自不同泌乳阶段的骆驼乳矿物质含量也具有较大的差异。单峰骆驼产后第一天乳中矿物质含量通常较低，直到一周后乳中的这些矿物元素才趋于稳定。此外，单峰骆驼初乳中 Fe 含量为 2.50 mg/L，并从产后第二天开始下降（Konuspayeva 等，2010b）。平均而言，单峰骆驼初乳中 Ca、P、Na、K 和 Cl 含量分别为 222.58 mg/100 g、153.74 mg/100 g、65.0 mg/100 g、136.5 mg/100 g 和 141.1 mg/100 g，而双峰骆驼初乳中的相应含量分别为 154.57 mg/100 g、116.82 mg/100 g、72.0 mg/100 g、191.0 mg/100 g 和 152.0 mg/100 g（Zhang 等，2005）。

表 7-1　骆驼乳、人乳和牛乳中矿物质的平均浓度参考值（mg/100 g）

| 矿物质 | 双峰骆驼乳 | 单峰骆驼乳 | 人乳 | 牛乳 |
|---|---|---|---|---|
| Ca | 160 | 114 | 31 | 120 |
| Mg | 11 | 11 | 2.7 | 12 |
| Na | 70 | 59 | 12 | 51 |
| K | 190 | 137 | 64 | 137 |
| P | 120 | 91.5 | 7.8 | 65 |
| Zn | 0.65 | 0.59 | 0.15 | 0.4 |
| Mn | ND | 0.005 | 0.001 | 0.003 |
| Fe | 0.21 | 0.29 | 0.047 | 0.03 |
| Cl | 152 | 115 | 43 | 100 |

资料来源：Benmeziane-Derradji，2021；Zhang 等，2005。

ND：在参考研究中未检测到或未提供该参数的数据。

乳中的矿物元素的含量及其分布对乳制品的加工特性至关重要，特别是，乳中的酪蛋白胶束和乳清相之间的矿物质平衡在奶酪的制作过程中起着决定性的作用。例如，Ca 含量更高的畜乳通常具有更好的凝乳性能（张义全等，2017）。然而目前尚未针对乳中矿物元素的分布对骆驼乳的加工特性进行研究。据报道，磷酸盐作为稳定剂和乳化剂，具有缓冲和稳定 pH 值的作用，还可与蛋白质相互作用，增强酪蛋白与水结合的能力，从而有效防止蛋白质、脂肪和水的分离（Lucey 和 Horne，2009），已广泛用于超高温杀菌乳和奶酪制品。因此，由于相较于牛乳，骆驼乳中的 P 含量更高，我们推测骆驼乳在乳制品的生产过程中有着更少的营养损失，产品货架寿命更长。

**8**

# 骆驼乳的维生素
# 组成及其营养特性

维生素是人体正常生理功能所必需的微量营养素，分为脂溶性维生素和水溶性维生素，日常膳食中摄入适量的维生素对于维持人体健康至关重要。乳制品通常是获得多种维生素的可行途径之一。乳中含有多种维生素，这些维生素在人类饮食中具有重要的生理功能。

骆驼乳被发现富含多种维生素，包括维生素 C、维生素 A、维生素 E、维生素 D 以及维生素 B。表 8-1 总结了骆驼乳、人乳和牛乳中维生素的平均浓度。中国双峰骆驼乳中维生素 A、维生素 $B_1$、维生素 $B_2$ 和维生素 E 的平均含量分别为 0.97 mg/kg、0.12 mg/kg、1.20 mg/kg、1.5 mg/kg（Zhang 等，2005；吉日木图等，2007）。与单峰骆驼乳相比，中国双峰骆驼乳含有更高含量的维生素 A 和维生素 E，均为脂溶性维生素，而维生素 $B_1$ 的平均含量低于单峰骆驼乳（Haddadin 等，2008）。中国双峰骆驼乳中的维生素 $B_6$ 浓度范围为 0.54 ～ 0.56 mg/L，这与以前研究中报道的单峰骆驼乳中维生素 $B_6$ 的浓度相似（0.52 ～ 0.55 mg/L）（Sawaya 等，1984）。有关骆驼乳中维生素 D 的含量信息有限，有研究发现，中国双峰骆驼乳中维生素 D 水平为 640 ～ 692 IU/L，远高于牛乳（20 ～ 30 IU/L）（Zhang 等，2005；吉日木图等，2007）。

值得注意的是，骆驼乳比牛乳富含烟酸和维生素 C。多项研究表明，相比于人乳和其他畜乳，骆驼乳中维生素 C 的含量很高，是反刍动物乳和人乳的 1.5 ～ 2 倍（吉日木图等，2007，王曙阳等，2009）。这种特性不仅存在于双峰骆驼乳中，在单峰骆驼乳中也是如此。有研究表明，骆驼乳对人体免疫系统有刺激作用，这种效应可能与其丰富的维生素 C 含量以及维生素 C 所具有的药理特性密切相关（Konuspayeva 等，2011b）。值得注意的是，富含维生素 C 的骆驼乳对于缺乏水果和蔬菜的干旱地区可能具有重要的营养意义。作为一种水溶性维生素，维生素 C 对高温非常敏感，在骆驼乳制品的热加工过程中，通常会引起维生素 C 的分解和降解。最近的一项研究表明，在加工喷干骆驼乳粉的过程中，当出口温度最高且雾化压力最大时，维生素 C 的回收率最低。当雾化压力处于最低水平且出口温度相对较低时，维生素 C 的回收率最高（Habtegebriel 等，2021）。这些结果表明，尽管骆驼乳是维生素 C 的优良来源，但在骆驼乳的加工过程中需要注意温度控制，以避免维生素 C 的过多流失。

表 8-1 骆驼乳、人乳和牛乳中维生素的平均浓度参考值（成熟乳，mg/kg）

| 维生素 | 双峰骆驼乳 | 单峰骆驼乳 | 人乳 | 牛乳 |
|---|---|---|---|---|
| 维生素 A | 0.97 | 0.21 | 0.55 | 0.28 |
| 维生素 $B_1$（硫胺素） | 0.12 | 0.41 | 0.15 | 0.59 |
| 维生素 $B_2$（核黄素） | 1.20 | 1.10 | 0.38 | 1.60 |
| 维生素 $B_3$（烟酸） | ND | 0.78 | 1.70 | 0.70 |
| 维生素 $B_5$（泛酸） | ND | 2.30 | 2.70 | 3.80 |
| 维生素 $B_6$（吡哆醇） | 0.54 | 0.54 | 0.14 | 0.50 |
| 维生素 $B_7$（生物素） | ND | ND | 0.01 | 0.04 |
| 维生素 $B_9$（叶酸） | ND | 0.005 | 0.042 | 0.055 |
| 维生素 $B_{12}$（钴胺素） | ND | 0.005 | 0.001 | 0.009 |
| 维生素 C | 103 | 140 | 40 | 13 |
| 维生素 D | 0.017 | 0.003 | 0.014 | 0.009 |
| 维生素 E | 1.5 | 0.2 | 8.0 | 0.6 |

资料来源：吉日木图等，2007；王曙阳等，2009；Zhang 等，2005。

ND：在参考研究中未检测到或未提供该参数的数据。

# 9

# 结　语

多年来，现代乳制品行业一直致力于生产各种牛乳基制品，乳制品对人类健康的益处已经在不同的研究中得到了探讨和强调。实质上，未来乳品加工行业的发展趋势表明，在不仅限于牛乳的情况下，满足消费者需求，寻求新的产品来源将成为未来乳品加工的主要发展方向。在这一背景下，作为一种特色畜乳，骆驼乳凭借其出色的营养特性和独特的加工特性，其乳制品的生产和加工在拥有骆驼养殖基础的地区中逐渐受到食品技术专业人员的重视。为了将骆驼乳的健康益处引入人类膳食，骆驼乳产业系统有待进一步的健全和完善。

一方面，与其他畜乳相比，骆驼乳以其易消化（适合乳糖不耐受人群）、低脂肪含量和特殊的医疗保健特性而被视为新兴的超级食品。骆驼乳的每日产奶量远低于普通牛乳，导致骆驼乳价格较高，成为骆驼乳制品被引入人们日常膳食的一大障碍。骆驼乳的化学成分组成与人乳高度相似。相比于普通牛乳，骆驼乳含有更多对免疫系统具有积极作用的蛋白质，此外，由于缺乏 β-乳球蛋白，骆驼乳几乎不会引起由于蛋白适应性而导致的过敏反应。骆驼乳还富含大量的生物活性肽和必需氨基酸。在脂质的组成方面，相较于牛乳，骆驼乳的乳脂含有较高丰度的 UFAs 和较低浓度的胆固醇与 TAG，其 TAG 和磷脂的组成与人乳也更为相似。相比于传统的牛乳，骆驼乳中的乳糖成分更易为乳糖不耐受的人所代谢和吸收，并且由于脂肪球粒径较小，骆驼乳通常被认为有着更高的消化率。骆驼乳还是乳源性维生素和矿物质的良好来源，特别是 B 族维生素、维生素 C 和铁。另外，值得注意的是，已经有多项报道证明了骆驼乳对心血管疾病、糖尿病和癌症具有缓解和预防作用。

另一方面，尽管骆驼乳及其乳制品具有卓越的营养特性，但骆驼乳质量控制标准方面尚存欠缺，而且骆驼原料乳的来源也存在良莠不齐的情况。骆驼乳的产量通常低于常见的畜乳，加之骆驼的分布区域相对集中且偏远，这进一步限制了骆驼乳的广泛可获得性。此外，骆驼的饲养和管理要求特定的环境适应性，这也进一步增加了骆驼乳生产的复杂性。骆驼乳的生产和加工也面临着多方面的挑战。与传统牛乳相比，骆驼乳在超高温处理过程中表现出较低的稳定性，使其营养组成更容易受到影响。在骆驼发酵乳凝固过程中，凝乳的形成更为脆弱，且需要更长的发酵时间。此外，在加工过程中，pH 值的变化对骆驼乳乳清蛋白的溶解度会产生显著影响。针对上述问题，提出以下建议，旨在对中国骆驼乳行业进行优化与改善。

（1）建立和完善骆驼乳质量标准。迫切需要制定严格的骆驼乳和乳制品的质量标准（例如，骆驼巴氏杀菌乳标准），以确保其市场贸易的可靠性，从而让老百姓"买得放心，吃得安心"。

（2）提升骆驼乳的市场竞争力以及生产效率。目前一些骆驼乳以及乳制品，例如巴氏杀菌乳、奶酪、酸奶、乳粉，已在市场上销售，但与牛乳产品相比，这些产品的质量和消费者的接受度较低。因此，需要更多的研究来提高消费者对骆驼乳营养品质和功能特性的认知，加大骆驼乳的推广力度，使其在乳品市场上更具竞争力。此外，通过改良饲养管理和提高育种技术，提高骆驼乳的产量和生产效率。

（3）改进骆驼乳加工技术。由于骆驼乳在成分、胶体结构和功能特性上与牛乳和其他物种乳具有较大的差异，因此使用与牛乳加工相同的方法加工骆驼乳存在局限性。因此，需要针对骆驼乳特殊的理化特性，研究和开发新型的骆驼乳加工技术，以提高骆驼乳的附加价值。此外，

需要开展更多工作来开发更安全、更可靠的商业发酵剂，以满足消费者对于骆驼发酵乳的需求。

（4）加强骆驼乳的营养和功能性研究。骆驼乳制品改善糖尿病和心血管疾病等多种疾病的潜力已被广泛报道。然而，这些研究很大程度上是基于体外研究或动物模型试验，关于骆驼乳制品对人类营养和健康影响的临床研究仍十分有限。因此，需要涉及更多人类受试者的详细临床研究数据，以进一步证明骆驼乳产品所具有的治疗潜力，为骆驼乳产品的开发和销售提供科学依据。

# 参考文献

曹雪妍，杨梅，岳喜庆，2018. 乳蛋白质糖基化的研究进展简 [J]. 乳业科学与技术，41
　（1）：40–46.

陈丽，2015. MFG-E8 对肠黏膜保护作用的研究进展 [J]. 胃肠病学和肝病学杂志，24
　（5）：3.

吉日木图，张和平，苏雅拉玛，2007. 蒙古国戈壁红双峰驼乳化学组成及其动态变化 [J].
　食品科学，28（8）：399–403.

金紫璇，盛晓阳，2022. 人乳低聚糖对婴儿肠道菌群影响的研究进展 [J]. 中华实用儿科临
　床杂志，37（3）：4.

蓝航莲，施悦，张丽娜，等，2022. 4 种哺乳动物乳中低聚糖的定性和定量分析研究进展
　[J]. 食品科学，43（13）：370–378.

刘波，孟祥璟，刘通通，等，2021. 益生元及其应用研究进展 [J]. 食品与药品，23（5）：
　I0015.

逯莹莹，刘鹏，孙景珠，等，2018. 母乳低聚糖的研究进展 [J]. 中国乳品工业，46（12）：
　23–28.

任志斌，段瑞萍，朱广林，等，2013. 影响奶牛产奶量的因素分析 [J]. 中国乳业（3）：
　18–19.

王海燕，温荣，刘登丽，等，2019. 西部小品种鲜乳及其发酵酸乳中矿物元素和维生素含
　量差异分析 [J]. 乳业科学与技术，42（4）：5.

王曙阳，梁剑平，魏恒，等，2009. 骆驼、牛、羊、人乳中维生素 C 含量测定与比较 [J]. 中
　兽医医药杂志，28（6）：35–37.

王煜林，吉日木图，何静，2023. 乳脂球膜中的营养成分在婴儿健康和发育中的作用 [J].

中国食品学报, 23（6）: 402-410.

姚怀兵, 李娜, 梁小瑞, 等, 2023. 新疆双峰驼产奶性状与体尺, 体重及血液理化指标的测定及相关性分析 [J]. 中国畜牧兽医, 50（8）: 3210-3220.

张义全, 梁琪, 张炎, 等, 2017. 发酵剂, 氯化钙及凝乳酶添加量对白牦牛乳 Mozzarella 干酪质构的影响 [J]. 包装与食品机械, 35（3）: 6.

赵电波, 吉日木图, 刘红霞, 等, 2005. 内蒙古阿拉善盟双峰驼驼乳理化性质研究 [J]. 乳业科学与技术, 27（3）: 112-117.

AL HAJ O A, AL KANHAL H A, 2010. Compositional, technological and nutritional aspects of dromedary camel milk[J]. International Dairy Journal, 20（12）: 811-821.

AL SALEH A A, HAMMAD Y, 1992. Buffering capacity of camel milk[J]. Egyptian Journal of Food Science, 20（1）: 85-97.

ALBRECHT S, LANE J A, MARINO K, et al., 2014. A comparative study of free oligosaccharides in the milk of domestic animals[J]. British Journal of Nutrition, 111（7）: 1313-1328.

ALHAJ O A, METWALLI A A, ISMAIL E A, 2011. Heat stability of camel milk proteins after sterilisation process[J]. Journal of Camel Practice and Research, 18（2）: 277-282.

ALIM N, FONDRINI F, BONIZZI I M, et al., 2005. Characterization of casein fractions from Algerian dromedary（ Camelus dromedarius ）milk[J]. Paklistan Journal of Nutrition, 4（2）: 112-116.

BADRAGHI J, MOOSAVI-MOVAHEDI A A, SABOURY A A, et al., 2009. Dual behavior of sodium dodecyl sulfate as enhancer or suppressor of insulin aggregation and chaperone-like activity of camel $\alpha_{s1}$-casein[J]. International Journal of Biological Macromolecules, 45（5）: 511-517.

BADRIAH A, 2012. Effect of camel milk on blood glucose, cholesterol, triglyceride and liver enzymes activities in female Albino rats[J]. World Applied Sciences Journal, 17（11）: 1394-1397.

BAGHIANI A, HARRISON R, BENBOUBETRA M, 2003. Purification and partial characterisation of camel milk xanthine oxidoreductase[J]. Archives of Physiology and Biochemistry, 111（5）: 407-414.

BAI Y, ZHAO D, ZHANG H, 2009. Physio-chemical properties and amino-acid composition of Alxa bactrian camel milk and shubat[J]. Journal of Camel Practice and Research, 16（2）: 249-255.

BAIG D, SABIKHI L, KHETRA Y, et al., 2022. Technological challenges in production of camel milk cheese and ways to overcome them–A review[J]. International Dairy Journal, 129: 105344.

BAKRY I A, ALI A H, ABDEEN E M, et al., 2020. Comparative characterisation of fat fractions extracted from Egyptian and Chinese camel milk[J]. International Dairy Journal, 105: 104691.

BAKRY I A, YANG L, FARAG M A, et al., 2021. A comprehensive review of the composition, nutritional value, and functional properties of camel milk fat[J]. Foods, 10（9）: 2158.

BARBOUR E K, NABBUT N H, FRERICHS W M, et al., 1984. Inhibition of pathogenic bacteria by camel's milk: relation to whey lysozyme and stage of lactation[J]. Journal of Food Protection, 47（11）: 838-840.

BENMEZIANE-DERRADJI F, 2021. Evaluation of camel milk: gross composition—a scientific overview[J]. Tropical Animal Health and Production, 53（2）: 308.

BERTINO E, COPPA G, GIULIANI F, et al., 2008. Effects of Holder pasteurization on human milk oligosaccharides[J]. International Journal of Immunopathology and Pharmacology, 21（2）: 381-385.

BONIZZI I, BUFFONI J N, FELIGINI M, 2009. Quantification of bovine casein fractions by direct chromatographic analysis of milk—approaching the application to a real production context[J]. Journal of Chromatography A, 1216（1）: 165-168.

BOUHADDAOUI S, CHABIR R, ERRACHIDI F, et al., 2019. Study of the biochemical biodiversity of camel milk[J]. The Scientific World Journal, 2019: 2517293.

BREZOVEKI A, AGALJ M, DERMIT Z F, et al., 2015. Camel milk and milk products[J]. Mljekarstvo/Dairy, 65（2）: 81-90.

BURLINGAME B, NISHIDA C, UAUY R, et al., Fats and fatty acids in human nutrition: introduction[J]. Annals of Nutrition and Metabolism, 55（1-3）: 5-7.

CARDOSO B B, AMORIM C, SILV, 2010. Consumption of camel's milk by patients intolerant to lactose—a preliminary study[J]. Revista Alergia de Mexico, 57( 1 ): 26–32.

CASHMAN K D, 2006. Milk minerals ( including trace elements ) and bone health[J]. International Dairy Journal, 16( 11 ): 1389–1398.

CHANDRAPALA J, MARTIN G, ZISU B, et al., 2012. The effect of ultrasound on casein micelle integrity[J]. Journal of Dairy Science, 95( 12 ): 6882–6890.

DESHWAL G K, SINGH A K, KUMAR D, et al., 2020. Effect of spray and freeze drying on physico-chemical, functional, moisture sorption and morphological characteristics of camel milk powder[J]. LWT–Food Science and Technology, 134: 110117.

DREIUCKER J, VETTER W, 2011. Fatty acids patterns in camel, moose, cow and human milk as determined with GC/MS after silver ion solid phase extraction[J]. Food Chemistry, 126( 2 ): 762–771.

EIWEGGER T, STAHL B, HAIDL P J, et al., 2010. Prebiotic oligosaccharides: *in vitro* evidence for gastrointestinal epithelial transfer and immunomodulatory properties[J]. Pediatric Allergy and Immunology, 21( 8 ): 1179–1188.

EL AGAMY E, 1994. Camel colostrum. 1. Physico-chemical and Microbiological study[J]. Alexandria Science Exchange, 15: 209.

EL ZUBEIR I E, JABREEL S O, 2008. Fresh cheese from camel milk coagulated with Camifloc[J]. International Journal of Dairy Technology, 61( 1 ): 90–95.

EL-AGAMY E I, 2009. Bioactive components in camel milk[M]// Bioactive Components in Milk and Dairy products. New York: John Wiley & Sons.

EL-AGAMY E I, NAWAR M, SHAMSIA S M, et al., 2009. Are camel milk proteins convenient to the nutrition of cow milk allergic children? [J]. Small Ruminant Research, 82( 1 ): 1–6.

EL-AGAMY E, ABOU-SHLOUE Z, ABDEL-KADER Y, 1997. Electrophoretic patterns, molecular characterization, amino acid composition and immunological relationships: a comparative study of milk proteins from different species. Ⅱ [C]// Electrophoretic patterns, molecular characterization, amino acid composition and immunological relationships.

EL-ZEINI H M, 2006. Microstructure, rheological and geometrical properties of fat globules

of milk from different animal species[J]. Polish Journal of Food and Nutrition Sciences, 56
（2）: 147–154.

ESMAILI M, GHAFFARI S M, MOOSAVI–MOVAHEDI Z, et al., 2011. Beta casein–
micelle as a nano vehicle for solubility enhancement of curcumin: food industry
application[J]. LWT–Food Science and Technology, 44（10）: 2166–2172.

FARAG S, KEBARY K, 1992. Chemical composition and physical properties of camel's
milk and milk fat[C]// Proc. 5th Egyptian Conf. of dairy Sci. and Technology.

FARAH Z, 1986. Effect of heat treatment on whey proteins of camel milk[J].
Milchwissenschaft, 41（12）: 763–765.

FARAH Z, RUEGG M, 1989. The size distribution of casein micelles in camel milk[J]. Food
Structure, 8（2）: 6.

FARID A S, EL SHEMY M A, NAFIE E, et al., 2021. Anti–inflammatory, anti–oxidant and
hepatoprotective effects of lactoferrin in rats[J]. Drug and Chemical Toxicology, 44（3）:
286–293.

FELFOUL I, LOPEZ C, GAUCHERON F, et al., 2015. Fouling behavior of camel and cow
milks under different heat treatments[J]. Food and Bioprocess Technology, 8: 1771–1778.

GIRARDET J M, LINDEN G, LOYE S, et al., 1993. Study of mechanism of lipolysis
inhibition by bovine milk proteose–peptone component 3[J]. Journal of Dairy Science, 76
（8）: 2156–2163.

GOEHRING K C, MARRIAGE B J, OLIVER J S, et al., 2016. Similar to those who are
breastfed, infants fed a formula containing 2'–fucosyllactose have lower inflammatory
cytokines in a randomized controlled trial[J]. The Journal of Nutrition, 146（12）: 2559–
2566.

GORBAN A M, IZZELDIN O M, 1999. Study on cholesteryl ester fatty acids in camel and
cow milk lipid[J]. International Journal of Food Science & Technology, 34（3）: 229–234.

GRANDISON A, 1986. Causes of variation in milk composition and their effects on
coagulation and cheesemaking[J]. Dairy Industries International, 51: 21.

HABTEGEBRIEL H, EDWARD D, MOTSAMAI O, et al., 2021. The potential of
computational fluid dynamics simulation to investigate the relation between quality

parameters and outlet temperature during spray drying of camel milk[J]. Drying Technology, 39（13）: 2010-2024.

HABTEGEBRIEL H, EDWARD D, WAWIRE M, et al., 2018. Effect of operating parameters on the surface and physico-chemical properties of spray-dried camel milk powders[J]. Food and Bioproducts Processing, 112: 137-149.

HADDAD I, MOZZON M, STRABBIOLI R, et al., 2010. Stereospecific analysis of triacylglycerols in camel（ *Camelus dromedarius* ）milk fat[J]. International dairy Journal, 20（12）: 863-867.

HADDAD I, MOZZON M, STRABBIOLI R, et al., 2011. Electrospray ionization tandem mass spectrometry analysis of triacylglycerols molecular species in camel milk（ *Camelus dromedarius* ）[J]. International Dairy Journal, 21（2）: 119-127.

HADDADIN M S, GAMMOH S I, ROBINSON R K, 2008. Seasonal variations in the chemical composition of camel milk in Jordan[J]. Journal of Dairy Research, 75（1）: 8-12.

HAILU Y, HANSEN E B, SEIFU E, et al., 2016. Factors influencing the gelation and rennetability of camel milk using camel chymosin[J]. International Dairy Journal, 60: 62-69.

HAN B, ZHANG L, LUO B, et al., 2022a. Comparison of milk fat globule membrane and whey proteome between Dromedary and Bactrian camel[J]. Food Chemistry, 367: 130658.

HAN B, ZHANG L, ZHOU P, 2022b. Comparison of milk fat globule membrane protein profile among bovine, goat and camel milk based on label free proteomic techniques[J]. Food Research International, 162: 112097.

HASSL M, JØRGENSEN B, JANHØJ T, 2011. Rennet gelation properties of ultrafiltration retentates from camel milk[J]. Milchwissenschaft, 66(1): 80-84.

HO T M, ZOU Z, BANSAL N, 2022. Camel milk: A review of its nutritional value, heat stability, and potential food products[J]. Food Research International, 153: 110870.

IBRAHIM S A, GYAWALI R, AWAISHEH S S, et al., Fermented foods and probiotics: an approach to lactose intolerance[J]. Journal of Dairy Research, 88（3）: 357-365.

IPSEN R, 2017. Opportunities for producing dairy products from camel milk: acomparison with bovine milk[J]. East African Journal of Sciences, 11（2）: 93-98.

JI Z, DONG R, DU Q, et al., 2024. Insight into differences in whey proteome from human and eight dairy animal species for formula humanization[J]. Food Chemistry, 430: 137076.

KAMAL A, SALAMA O, 2009. Lipid fractions and fatty acid composition of colostrums, transitional and mature she-camel milk during the first month of lactation[J]. Asian Journal of Clinical Nutrition, 1 ( 1 ): 23-30.

KAPPELER S, FARAH Z, PUHAN Z, 1998. Sequence analysis of Camelus dromedarius milk caseins[J]. Journal of Dairy Research, 65 ( 2 ): 209-222.

KAPPELER S, FARAH Z, PUHAN Z, 2003. 5′-Flanking regions of camel milk genes are highly similar to homologue regions of other species and can be divided into two distinct groups[J]. Journal of Dairy Science, 86 ( 2 ): 498-508.

KARRAY N, LOPEZ C, OLLIVON M, et al., 2005. La matière grasse du lait de dromadaire: composition, microstructure et polymorphisme[J]. Une revue. Oléagineux, Corps gras, Lipides, 12 ( 5-6 ): 439-446.

KNOESS K, MAKHUDUM A J, RAFIQ M, et al., 1986. Milk production potential of the dromedary, with special reference to the province of Punjab, Pakistan[J]. World Animal Review, 57: 11-21.

KOLETZKO B, BERGMANN K, BRENNA J T, et al., 2020. Should formula for infants provide arachidonic acid along with DHA? A position paper of the European Academy of Paediatrics and the Child Health Foundation[J]. The American Journal of Clinical Nutrition, 111 ( 1 ): 10-16.

KONUSPAYEVA G, BAUBEKOVA A, AKHMETSADYKOVA S, et al., 2019. Concentrations in D-and L-lactate in raw cow and camel milk[J]. Journal of Camel Practice and Research, 26 ( 1 ): 111-113.

KONUSPAYEVA G, FAYE B, 2021. Recent advances in camel milk processing[J]. Animals, 11 ( 4 ): 1045.

KONUSPAYEVA G, FAYE B, DE PAUW E, et al., 2011a. Levels and trends of PCDD/Fs and PCBs in camel milk ( Camelus bactrianus and Camelus dromedarius ) from Kazakhstan[J]. Chemosphere, 85 ( 3 ): 351-360.

KONUSPAYEVA G, FAYE B, LOISEAU G, 2011b. Variability of vitamin C content in

camel milk from Kazakhstan[J]. Journal of Camelid Science, 4: 63–69.

KONUSPAYEVA G, FAYE B, LOISEAU G, et al., 2010a. Physiological change in camel milk composition ( *Camelus dromedarius* ) 1. Effect of lactation stage[J]. Tropical Animal Health and Production, 42: 495–499.

KONUSPAYEVA G, FAYE B, LOISEAU G, et al., 2010b. Physiological change in camel milk composition ( *Camelus dromedarius* ) 2: physico-chemical composition of colostrum[J]. Tropical Animal Health and Production, 42: 501–505.

KONUSPAYEVA G, LEMARIE É, FAYE B, et al., 2008. Fatty acid and cholesterol composition of camel's ( *Camelus bactrianus*, *Camelus dromedarius* and *hybrids* ) milk in Kazakhstan[J]. Dairy Science and Technology, 88( 3 ): 327–340.

KUMAR A, TOMER V, SINGH S, 2019. Lipids: Classification, functions and role in human health[J]. Think India Journal, 22( 34 ): 370–384.

LALEYE L, JOBE B, WASESA A, 2008. Comparative study on heat stability and functionality of camel and bovine milk whey proteins[J]. Journal of Dairy Science, 91( 12 ): 4527–4534.

LARSSON-RAZNIKIEWICZ M, MOHAMED M A, 1986. Analysis of the casein content in camel ( *Camelus dromedarius* ) milk[J]. Swedish Journal of Agricultural Research ( Sweden ), 16( 1 ): 13–18.

LEE H S, NAM Y, CHUNG Y H, et al., 2014. Beneficial effects of phosphatidylcholine on high-fat diet-induced obesity, hyperlipidemia and fatty liver in mice[J]. Life Sciences, 118 ( 1 ): 7–14.

LORENZEN P C, WERNERY R, JOHNSON B, et al., 2011. Evaluation of indigenous enzyme activities in raw and pasteurised camel milk[J]. Small Ruminant Research, 97( 1–3 ): 79–82.

LUCEY J, HORNE D, 2009. Milk salts: Technological significance[J]. Advanced Dairy Chemistry, 3: 351–389.

MANONI M, DI LORENZO C, OTTOBONI M, et al., 2020. Comparative proteomics of milk fat globule membrane ( MFGM ) proteome across species and lactation stages and the potentials of MFGM fractions in infant formula preparation[J]. Foods, 9( 9 ): 1251.

MCMAHON D J, OOMMEN B, 2008. Supramolecular structure of the casein micelle[J]. Journal of Dairy Science, 91 (5): 1709-1721.

MEENA S, RAJPUT Y S, SHARMA R, et al., 2019. Effect of goat and camel milk vis a vis cow milk on cholesterol homeostasis in hypercholesterolemic rats[J]. Small Ruminant Research, 171: 8-12.

MEHAIA M A, KAHNAL M A, 1989. Studies on camel and goat milk proteins: nitrogen distribution and amino acid composition[J]. Nutrition Reports International, 39 (2): 351-357.

MOHAMED H, AYYASH M, 2022. Effect of heat treatments on camel milk proteins-a review[J]. International Dairy Journal, 133: 105404.

MOSLEHISHAD M, MIRDAMADI S, EHSANI M R, et al., 2013. The proteolytic activity of selected lactic acid bacteria in fermenting cow's and camel's milk and the resultant sensory characteristics of the products[J]. International Journal of Dairy Technology, 66 (2): 279-285.

MOSTAFIDI M, MOSLEHISHAD M, PIRAVIVANAK Z, et al., 2016. Evaluation of mineral content and heavy metals of dromedary camel milk in Iran[J]. Food Science and Technology, 36: 717-723.

MS GORBAN A, IZZELDIN O M, 2001. Fatty acids and lipids of camel milk and colostrum[J]. International Journal of Food Sciences and Nutrition, 52 (3): 283-287.

MUTHUKUMARAN M S, MUDGIL P, BABA W N, et al., 2023. A comprehensive review on health benefits, nutritional composition and processed products of camel milk[J]. Food Reviews International, 39 (6): 3080-3116.

NAGY P, JUHÁSZ J, REICZIGEL J, et al., 2019. Circannual changes in major chemical composition of bulk dromedary camel milk as determined by FT-MIR spectroscopy, and factors of variation[J]. Food Chemistry, 278: 248-253.

OHLSSON L, 2010. Dairy products and plasma cholesterol levels[J]. Food & Nutrition Research, 54 (1): 5124.

PARK Y W, HAENLEIN G F, WENDORFF W L, 2006. Handbook of milk of non-bovine mammals[M]. Wiley Online Library.

PARODI P W, 2009. Has the association between saturated fatty acids, serum cholesterol and

coronary heart disease been over emphasized[J]. International Dairy Journal, 19（6-7）: 345-361.

PLOWMAN J E, CREAMER L K, 1995. Restrained molecular dynamics study of the interaction between bovine κ–casein peptide 98-111 and bovine chymosin and porcine pepsin[J]. Journal of Dairy Research, 62（3）: 451-467.

POLIDORI P, RAPACCETTI R, KLIMANOVA Y, et al., 2022. Nutritional parameters in colostrum of different mammalian species[J]. Beverages, 8（3）: 54.

RAEI M, RAJABZADEH G, ZIBAEI S, et al., 2015. Nano–encapsulation of isolated lactoferrin from camel milk by calcium alginate and evaluation of its release[J]. International Journal of Biological Macromolecules, 79: 669-673.

RAGHU P, JOSEPH A, KRISHNAN H, et al., 2019. Phosphoinositides: regulators of nervous system function in health and disease[J]. Frontiers in Molecular Neuroscience, 12: 208.

RAHIMI M, GHAFFARI S M, SALAMI M, et al., 2016. ACE–inhibitory and radical scavenging activities of bioactive peptides obtained from camel milk casein hydrolysis with proteinase K[J]. Dairy Science & Technology, 96: 489-499.

ROGINSKI H, FUQUAY J W, FOX P F, 2003. Encyclopedia of dairy sciences[M]. New York: Academic Press.

SØRENSEN J, PALMER D S, QVIST K B, et al., 2011. Initial stage of cheese production: a molecular modeling study of bovine and camel chymosin complexed with peptides from the chymosin–sensitive region of κ–casein[J]. Journal of Agricultural and Food Chemistry, 59(10): 5636-5647.

SAINI R K, KEUM Y S, 2018. Omega-3 and omega-6 polyunsaturated fatty acids: Dietary sources, metabolism, and significance—a review[J]. Life Sciences, 203: 255-267.

SALAMI M, NIASARI–NASLAJI A, MOOSAVI–MOVAHEDI A A, 2017. Recollection: camel milk proteins, bioactive peptides and casein micelles[J]. Journal of Camel Practice and Research, 24(2): 181-182.

SALAMI M, YOUSEFI R, EHSANI M R, et al., 2009. Enzymatic digestion and antioxidant activity of the native and molten globule states of camel α–lactalbumin: possible significance for use in infant formula[J]. International Dairy Journal, 19（9）: 518-523.

SALMEN S H, ABU–TARBOUSH H M, AL–SALEH A A, et al., 2012. Amino acids content and electrophoretic profile of camel milk casein from different camel breeds in Saudi Arabia[J]. Saudi Journal of Biological Sciences, 19（2）: 177–183.

SANTINI G, BONAZZA F, PUCCIARELLI S, et al., 2020. Proteomic characterization of kefir milk by two - dimensional electrophoresis followed by mass spectrometry[J]. Journal of Mass Spectrometry, 55（11）: e4635.

SAWAYA W, KHALIL J, AL–SHALHAT A, et al., 1984. Chemical composition and nutritional quality of camel milk[J]. Journal of Food Science, 49（3）: 744–747.

SEIFU E, 2023. Camel milk products: innovations, limitations and opportunities[J]. Food Production, Processing and Nutrition, 5（1）: 1–20.

SHAMSIA S, 2009. Nutritional and therapeutic properties of camel and human milks[J]. International Journal of Genetics and Molecular Biology, 1（2）: 52–58.

SHEA T B, 2019. Choline and phosphatidylcholine may maintain cognitive performance by multiple mechanisms[J]. The American Journal of Clinical Nutrition, 110（6）: 1268–1269.

SHORI A B, 2015. Camel milk as a potential therapy for controlling diabetes and its complications: a review of in vivo studies[J]. Journal of Food and Drug Analysis, 23（4）: 609–618.

SINGH M, YADAV P, SHARMA A, et al., 2017. Estimation of mineral and trace element profile in bubaline milk affected with subclinical mastitis[J]. Biological Trace Element Research, 176: 305–310.

SMIDDY M A, HUPPERTZ T, VAN RUTH S M, 2012. Triacylglycerol and melting profiles of milk fat from several species[J]. International Dairy Journal, 24（2）: 64–69.

SMITS M, HUPPERTZ T, ALTING A, et al., 2011. Composition, constituents and properties of dutch camel milk[J]. Journal of Camel Practice and Research, 18（1）: 1–6.

SZILAGYI A, 2019. Digestion, absorption, metabolism, and physiological effects of lactose[M]// Lactose. New York: Academic Press.

TANAKA K, HOSOZAWA M, KUDO N, et al., 2013. The pilot study: sphingomyelin-fortified milk has a positive association with the neurobehavioural development of very low birth weight infants during infancy, randomized control trial[J]. Brain and Development,

35（1）：45–52.

TAYEFI–NASRABADI H, HOSEINPOUR–FAYZI M A, MOHASSELI M, 2011. Effect of heat treatment on lactoperoxidase activity in camel milk：a comparison with bovine lactoperoxidase[J]. Small Ruminant Research, 99（2–3）：187–190.

TENG F, WANG P, YANG L, et al., 2017. Quantification of fatty acids in human, cow, buffalo, goat, yak, and camel milk using an improved one–step GC–FID method[J]. Food Analytical Methods, 10：2881–2891.

VAN BOEKEL M, 1998. Effect of heating on Maillard reactions in milk[J]. Food Chemistry, 62（4）：403–414.

VESCHI E A, BOLEAN M, STRZELECKA–KILISZEK A, et al., 2020. Localization of annexin A6 in matrix vesicles during physiological mineralization[J]. International Journal of Molecular Sciences, 21（4）：1367.

VIRTANEN J K, MURSU J, TUOMAINEN T P, et al., 2014. Dietary fatty acids and risk of coronary heart disease in men：the Kuopio Ischemic Heart Disease Risk Factor Study[J]. Arteriosclerosis, Thrombosis, and Vascular Biology, 34（12）：2679–2687.

WEI W, JIN Q, WANG X, 2019. Human milk fat substitutes：Past achievements and current trends[J]. Progress in Lipid Research, 74：69–86.

WERNERY U, 2006. Camel milk, the white gold of the desert[J]. Journal of Camel Practice and Research, 13（1）：15.

WONGTANGTINTHARN S, OKU H, IWASAKI H, et al., 2004. Effect of branched–chain fatty acids on fatty acid biosynthesis of human breast cancer cells[J]. Journal of Nutritional Science and Vitaminology, 50（2）：137–143.

XIAO Y, YI L, MING L, et al., 2022. Changes in milk components, amino acids, and fatty acids of Bactrian camels in different lactation periods[J]. International Dairy Journal, 131：105363.

YAGIL R, 1985. The desert camel. Comparative physiological adaptation[M]. Switzerland：Karger.

YAGIL R, BERLYNE G, 1978. Glomerular filtration rate and urine concentration in the dromedary camel in dehydration[J]. Kidney and Blood Pressure Research, 1（2）：104–112.

YAGIL R, ETZION Z, 1980. Effect of drought condition on the quality of camel milk[J]. Journal of Dairy Research, 47( 2 ): 159–166.

ZHANG H, YAO J, ZHAO D, et al., 2005. Changes in chemical composition of Alxa Bactrian camel milk during lactation[J]. Journal of Dairy Science, 88( 10 ): 3402–3410.

ZHANG W, RHIM J W, 2022. Functional edible films/coatings integrated with lactoperoxidase and lysozyme and their application in food preservation[J]. Food Control, 133: 108670.

ZHAO D, BAI Y, NIU Y, 2015. Composition and characteristics of Chinese Bactrian camel milk[J]. Small Ruminant Research, 127: 58–67.

ZHAO L, ZHANG J, GE W, et al., 2022. Comparative lipidomics analysis of human and ruminant milk reveals variation in composition and structural characteristics[J]. Journal of Agricultural and Food Chemistry, 70( 29 ): 8994–9006.

ZHAO R, BAO H, HA S, 2007. Study on antibacterial activity and its influential factor of lactoferrin in Bactrian camel milk *in vitro*[J]. Progress of Veterinary. Medecine in China, 28 ( 10 ): 22–26.

ZIELINSKA M A, HAMULKA J, GRABOWICZ–CHDRZYSKA I, et al., 2019. Association between breastmilk LC PUFA, carotenoids and psychomotor development of exclusively breastfed infants[J]. International Journal of Environmental Research and Public Health, 16( 7 ): 1144.

ZOU X, HUANG J, JIN Q, et al., 2013. Lipid composition analysis of milk fats from different mammalian species: potential for use as human milk fat substitutes[J]. Journal of Agricultural and Food Chemistry, 61( 29 ): 7070–7080.

ZOUARI A, LAJNAF R, LOPEZ C, et al., 2021. Physicochemical, techno–functional, and fat melting properties of spray–dried camel and bovine milk powders[J]. Journal of food science, 86( 1 ): 103–111.

# 柯坪县骆驼产业科技赋能新质生产力

新疆柯坪县位于阿克苏地区最西端、塔里木盆地西北部，是阿克苏连接喀什、克州、和田的枢纽，是阿克苏地区的西大门。柯坪县充分发挥天然牧场独特优势，有效发掘柯坪骆驼等本地优势牲畜品种资源潜力，全力发展骆驼全产业链，推进特色产业高质量发展，2024年全县骆驼存栏达4.5万峰，上半年全县累计产奶1700余吨。

柯坪县现有白驼繁育基地、骆驼产业研究院，建成万峰驼养殖基地，为优质骆驼奶源供应提供了坚实保障。现有新驼、柯小驼、优驼等品牌，生产驼乳粉系列、灭菌驼乳系列等10多款产品，其中新疆新驼乳业生产的"新驼驼乳粉"成为新疆唯一（全国49个），被农业农村部纳入2024年第一批特质农品名录的优质产品。

为了进一步让科技赋能新质生产力，以科技创新提"质"，2024年，柯坪县人民政府与中国农业科学院北京畜牧兽医研究所共建郑楠研究员工作室，针对骆驼养殖、生乳及产品品质关键点开展技术攻关，建立骆驼饲养标准，开发优质骆驼乳产品，共同支撑柯坪县骆驼产业高质量发展。

# 致　谢

衷心感谢以下单位和项目的支持：

中国农业科学院北京畜牧兽医研究所

新疆维吾尔自治区柯坪县农业农村局

农业农村部奶产品质量安全风险评估实验室（北京）

农业农村部奶及奶制品质量监督检验测试中心（北京）

农业农村部奶及奶制品质量安全控制重点实验室

国家奶业科技创新联盟

国家重点研发计划"特色畜奶、禽蛋特征品质分析与特征标准研究"

国家重点研发计划"奶业全产业链高效优质生产关键技术"